ENERGIA EÓLICA

Dados Internacionais de Catalogação na Publicação (CIP)
(Jeane Passos Santana – CRB 8ª/6189)

Veiga, José Eli da
Energia eólica / José Eli da Veiga (organizador). – São Paulo : Editora Senac São Paulo, 2012.

Bibliografia.
ISBN 978-85-396-0250-6

1. Desenvolvimento sustentável 2. Energia eólica 3. Meio Ambiente 4. Fontes energéticas I. Título.

12-026s CDD-333.92

Índice para catálogo sistemático:

Energia eólica 333.92

ENERGIA EÓLICA

Adilson de Oliveira
Osvaldo Soliano Pereira

José Eli da Veiga organizador

Editora Senac São Paulo – São Paulo – 2012

Administração Regional do Senac no Estado de São Paulo
Presidente do Conselho Regional: Abram Szajman
Diretor do Departamento Regional: Luiz Francisco de A. Salgado
Superintendente Universitário e de Desenvolvimento: Luiz Carlos Dourado

Editora Senac São Paulo
Conselho Editorial: Luiz Francisco de A. Salgado
Luiz Carlos Dourado
Darcio Sayad Maia
Lucila Mara Sbrana Sciotti
Jeane Passos Santana

Gerente/Publisher: Jeane Passos Santana (jpassos@sp.senac.br)

Coordenação Editorial: Márcia Cavalheiro Rodrigues de Almeida (mcavalhe@sp.senac.br)
Thaís Carvalho Lisboa (thais.clisboa@sp.senac.br)
Comercial: Jeane Passos Santana (jpassos@sp.senac.br)
Administrativo: Luís Américo Tousi Botelho (luis.tbotelho@sp.senac.br)

Edição de Texto: Luiz Guasco
Preparação de Texto: Cristina Marques
Revisão de Texto: Luciana Lima (coord.), Sandra Brazil, Thiago Blumenthal
Projeto Gráfico e Editoração Eletrônica: Flávio Santana
Capa: Zé Vicente
Impressão e Acabamento: Rettec Artes Gráficas

Editora Senac São Paulo
Rua Rui Barbosa, 377 – 1º andar – Bela Vista – CEP 01326-010
Caixa Postal 1120 – CEP 01032-970 – São Paulo – SP
Tel. (11) 2187-4450 – Fax (11) 2187-4486
E-mail: editora@sp.senac.br
Home page: http://www.editorasenacsp.com.br

SUMÁRIO

Nota do editor, 7

Introdução, 11

Bibliografia, 18

Planejamento elétrico: uma agenda amigável com a natureza, 21

Introdução, 23

Planejamento do mercado elétrico, 27

Gestão da confiabilidade, 44

Sistema elétrico de baixo carbono, 64

Conclusão, 81

Bibliografia, 84

Energia eólica: segunda fonte de energia elétrica do Brasil, 87

Introdução, 89

A energia eólica, 93

O recurso eólico, 100

Atual estágio da tecnologia e tendências, 109

Penetração da energia eólica na matriz elétrica mundial, 114

A energia eólica no Brasil, 122

Incentivos, 156

Por que a energia eólica?, 174

Alguns desafios por vencer, 184

Conclusões, 197

Bibliografia, 200

Sobre os autores, 209

Nota do editor

A presente publicação discute o estágio em que se encontra, no mundo, a tecnologia para geração de eletricidade a partir de regimes de ventos, sua efetiva utilização e, no caso do Brasil, seu potencial como fonte complementar da energia hidrelétrica, além de outras vantagens que sua adoção implica, como, por exemplo, a possibilidade de descentralização da geração de energia por meio da distribuição, ao longo do território do país, de usinas que atendam a regiões específicas.

Energia eólica dá continuidade, portanto, à discussão já presente em outros lançamentos do Senac São Paulo em torno de alternativas de aproveitamento de recursos a partir dos quais o suprimento de energia, no país, possa ser assegurado, tema-chave das políticas de desenvolvimento.

Introdução

José Eli da Veiga

Quanto da energia mundial virá de fontes renováveis no início dos anos 2030? Os prognósticos continuam bem mais céticos que as propostas para compromissos globais.

A participação dos combustíveis fósseis no consumo global de energia primária deverá ter uma "ligeira quebra", passando de 81% em 2010 para 75% em 2035, segundo as circunspectas previsões da Agência Internacional de Energia (IEA, na sigla em inglês). Assim, metade da nova capacidade instalada do setor elétrico virá de fontes renováveis, sobretudo da hidrelétrica e eólica, fazendo com que o percentual das mais modernas (não hidro) chegue a 15% em 2035.

São muito mais ambiciosos os ensaios de pactos globais.

No tripé de recomendações do Fórum Energético de Viena, em vez desses 25% extra-fósseis em 2035, surge como meta 30% de renováveis para meia década antes. Além disso, tal tripé está vinculado, também para 2030, a um aumento de 40% de eficiência energética, e com acesso universal, como não poderia deixar de ser, a energias limpas, disponíveis e de baixa emissão de carbono.

Já a iniciativa "Energia sustentável para todos" – puxada por Ban Ki-Moon, o secretário-geral da Organização das Nações Unidas (ONU) – é um pouco vaga sobre a eficiência e mais concreta sobre as renováveis. Também para 2030, quer um acerto global na conferência Rio+20 para que, além da universalização do acesso, seja dobrada a "taxa de aumento da eficiência" e, ao menos, também seja dobrada a parte das renováveis "em todos os países", conforme o tópico 70 do documento "O futuro que queremos", o primeiro rascunho (*zero-draft*) preparado para a cúpula de junho 2012.

Tantas diferenças são sintomas da já puída saia justa: o objetivo de se chegar a um sistema energético global de baixa emissão de carbono continua a ser uma miragem, mesmo depois de duas décadas de políticas climáticas, milhares de programas, iniciativas, regulações, estímulos mercadológicos e desembolso de centenas de bilhões de dólares em subsídios, fundos, esforços de pesquisa e desenvolvimento tecnológico, ajudas externas, etc. Nada disso permitiu que o peso relativo das energias que menos emitem gases de efeito estufa no consumo final chegasse a 10%, ou que a fatia das renováveis modernas (não hidro) atingisse meros 3%, como mostra a Tabela 1.

Tabela 1 – Consumo mundial de energia segundo as fontes (2009)

Consumo energético por fontes	%
Combustíveis fósseis	81,0
Biomassas tradicionais	10,0
Hidroeletricidade	3,4
Nuclear	2,8
Aquecimento por solar, biomassa e geotérmica	1,5
Eletricidade por eólica, solar, biomassa e geotérmica	0,7
Biocombustíveis	0,6
Total	100,0

Fontes: REN21, Global Status Report, Figura 1 (p. 41).

Pior: na primeira década deste século, houve forte aceleração do aumento de emissões globais de dióxido de carbono. Essa também foi, em dois séculos, a primeira década com aumento da intensidade dessas emissões, devido à forte retomada do carvão, em contraste com a rápida conversão ao gás natural nos anos 1990.

São fatos diametralmente opostos às alardeadas metas de mitigação do aquecimento global. Segundo o acordo que emergiu no final de 2010 em Cancún, no México, o total das emissões globais, por volta de 2050, já terá de ter caído ao menos à metade, para que a concentração de gases estufa na atmosfera não supere 450 ppm (partes por milhão), nível supostamente capaz de impedir aquecimento superior a 2 °C neste século. Mais: a partir daí, as emissões terão que diminuir.

Só que essa abordagem supunha decisões muito mais robustas do que as que foram adotadas no conclave de Durban em dezembro de 2011. O adiamento geral para 2020 não oferece mais chance de apenas 2 °C de aquecimento neste século. Para tanto, seria necessário que, a partir de 2020, passasse a haver uma redução de no mínimo 5% ao ano das emissões globais. O que é altamente improvável, pois, mesmo na melhor fase histórica de um país rico e desenvolvido como a França, a taxa de redução não superou 4% ao ano. É por isso que já se prevê a marca dos 4°C para os anos 2070, ou mesmo antes, sinalizam alguns modelos climáticos (Bett et al., 2011, p. 67-84).

Tudo isso numa situação em que 40% da humanidade (2,7 bilhões de pessoas) ainda dependem de biomassas tradicionais, principalmente madeira, carvão vegetal e esterco. E que por volta de um quinto (1,4 bilhão de pessoas) permanece sem qualquer acesso à eletricidade, principalmente no sul da Ásia e na África Subsahariana. Em contraste, os 500 milhões mais ricos, que constituem apenas 7% da população mundial, são responsáveis por metade das emissões. Estão em todos os países do mundo e têm renda superior à da média dos que vivem nos EUA.

É impossível deixar de enfatizar, portanto, o grau de radicalidade que será exigido do processo de inovação no âmbito das tecnologias energéticas, combinado a um também radical enfrentamento das desigualdades internacionais e internas a cada nação. A dificuldade não reside apenas no inegável aumento conjuntural dos obstáculos para pactos políticos globais, mas também na imensidão dos desafios colocados pelas imprescindíveis rupturas de inovações revolucionárias, tanto tecnológicas quanto ideológicas.

Acelerar o ritmo dessa dupla mudança no âmbito energético é tão imperativo que nem de longe pode ser estimulado pelos arranjos institucionais do Protocolo de Kyoto, ou mesmo dos melhores planos nacionais direcionados ao desenvolvimento de energias "limpas".

No entanto, seja qual for o grau de acuidade dos prognósticos da IEA ou de realismo na retórica dos grandes encontros internacionais, uma coisa parece indiscutível: o uso do potencial dos ventos conseguiu superar várias das restrições que travavam sua disseminação, transformando-se, em muitas circunstâncias, no mais viável recurso renovável complementar aos existentes sistemas de geração de eletricidade. Em muitos casos, a energia eólica já se tornou a melhor opção complementar por não mais depender de subsídios.

É verdade que não se dissiparam vários dos argumentos daqueles que se opõem à opção eólica, mas os que persistem só limitam as escolhas locacionais das novas turbinas, sem impedir que suas vantagens sejam racionalmente aproveitadas pelo setor elétrico em outros lugares.

Não é verdade que o carbono emitido no processo de produção dos equipamentos contrabalance a redução de emissões propiciada pelo funcionamento das turbinas. Em alguns casos bastam alguns meses de operação para que a compensação esteja feita.

O problema da intermitência também não é impeditivo, pois, além de a eólica ser sempre entendida como fonte complementar, sua confiabilidade vem aumentando, tanto com o advento das redes inteligentes, quanto com promissores avanços nos esquemas de estocagem de energia. Aliás, esta questão do armazenamento de energia elétrica é certamente a primeira da lista de inovações que poderão alterar o atual panorama das renováveis.[1]

Claro, nada disso impede que, em outros casos, grandes investimentos em energia eólica possam ser acusados de contribuir indiretamente ao aumento de emissões por terem o carvão como *back-up*. No Reino Unido, por exemplo, argumenta-se que seria bem mais efetiva e muito mais barata a combinação entre energia nuclear e gás. Todavia, também se sabe que o potencial do conjunto das renováveis *off-shore* (ventos e os demais recursos marítimos) é equivalente a seis vezes a atual demanda por eletricidade (Lea, 2012; The Off-shore Valuation Group, 2010).

Também continuam válidas aos menos duas das restrições mais enfatizadas pela oposição à energia eólica: a degradação estética da paisagem e seus prejuízos à preservação da vida selvagem, principalmente no caso de aves migratórias e morcegos. Mas esses são problemas que tendem a ser minimizados em implantações *off-shore* e em zonas terrestres bem escolhidas, com diminuta incidência de amenidades rurais.

Por outro lado, a opção eólica tem a imensa vantagem de contribuir para a descentralização, e mesmo democratização, de um sistema produtivo de estrutura altamente concentrada e hierárquica, como está demonstrado em Farrell (2011).

Evidentemente, todos esses prós e contras não poderiam deixar de condicionar as perspectivas de aproveitamento dessa fonte energética no Brasil, objeto central dos dois capítulos seguintes.

---

[1] Comparável seria a viabilização dos carros elétricos, da captura e do armazenamento de carbono (CCS, na sigla em inglês) e a tão prometida nova geração de reatores nucleares. Ver Lynas (2011, pp. 78-81).

O texto de Adilson de Oliveira enfoca o planejamento elétrico, parte do Plano Decenal de Expansão de Energia (PDE-2020), mostrando que este não avança na transição do Brasil para uma economia de baixo carbono. E conclui que a promoção do desenvolvimento sustentável vai exigir profunda revisão dos critérios adotados nos planos da EPE (Empresa de Pesquisa Energética).

No mesmo diapasão, o texto de Osvaldo Soliano Pereira dá um *zoom* na essência do problema: as perspectivas da energia eólica. Depois de apresentar incomparável dossiê sobre o tema, procura responder à questão que mais importa: poderá a matriz elétrica brasileira ser inteiramente hidro-eólica?

Em suma, o propósito deste livro é idêntico ao de outros três já publicados pela Editora Senac (Abramovay, 2009; e Veiga, 2011a, 2011b): permitir que se conheça melhor a problemática energética brasileira com vistas à inadiável necessidade da democratização de seu planejamento, condição *sine qua non* da transição a uma economia que deixe de ser dependente do trio fóssil, seja qual for o qualificativo que acabe vingando: "de baixo carbono", "limpa", "madura", "nova", "turquesa", "verde", etc.

Bibliografia

ABRAMOVAY, Ricardo (org). *Bicombustíveis: a energia da controvérsia*. São Paulo: Editora Senac São Paulo, 2009.

BETT, Richard A. et al. "When Could Global Warming Reach 4 °C?". Em *Philosophical Transactions of the Royal Society A*, vol. 369, nº 1934, jan. 2011. Disponível em http://rsta.royalsocietypublishing.org/content/369/1934/67.abstract.

FARRELL, John. *Democratizing the Electricity System. A Vision for the 21st Century Grid*. The New Rules Project, junho 2011. Disponível em: www.newrules.org.

GOODALL, Chris. *Ten Technologies to Save the Planet*. Londres: Green Profile, 2008.

INTERNATIONAL ENERGY AGENCY. *World Energy Outlook 2011*. Paris: IEA, 2011.

LEA, Ruth. *Eletricity Costs: the Folly of Wind Power*. Londres: Civitas, 2012. Disponível em: http://www.civitas.org.uk/economy/electricitycosts2012.pdf.

LYNAS, Mark. *The God Species. How the Planet Can Survive the Age of Humans*. Londres: Fourth State, 2011.

ONU-DESA. *World Economic and Social Survey 2011. The Great Green Technological Transformation*. Nova York: Department of Economic and Social Affairs of the United Nations Secretariat, 2011.

REN21- Renewable Energy Policy Network for the 21st Century. *Renewables 2011. Global Status Report*, REN21. Relatório. 2011.

THE Off-shore VALUATION GROUP. A *Valuation of the UK's Off-shore Renewable Energy Resources*. Relatório. 2010. Disponível em: http://www.off-shorevaluation.org.

UNIDO-IIASA - United Nations Industrial Development Organization & International Institute for Applied Systems Analysis. *Energy for all – time for action*. Relatório. Vienna Energy Forum 2011, 21-23 de junho de 2011 (só publicado em outubro de 2011).

VEIGA, José Eli (org). *Aquecimento global: frias contendas científicas*. 2ª ed. São Paulo: Editora Senac São Paulo, 2011a.

VEIGA, José Eli (org). *Energia nuclear: do anátema ao diálogo* São Paulo: Editora Senac São Paulo, 2011b.

Planejamento elétrico: uma agenda amigável com a natureza

Adilson de Oliveira

"A TEOLOGIA NATURAL ERA UM PEQUENO PASSO PARA A CONVICÇÃO DE QUE O OCIDENTE ESTAVA DESTINADO A DOMINAR A NATUREZA E RECONSTRUIR O MUNDO."

JOE JACKSON, *O LADRÃO DO FIM DO MUNDO*

Introdução

A revolução industrial marca uma ruptura na relação do homem com a natureza (Beck, 1986). No plano energético, a atividade socioeconômica, até então organizada em torno de fontes renováveis de energia, passou a ser estruturada em torno do suprimento de fontes fósseis, não renováveis, distantes dos centros de produção e de consumo (Oliveira, 1987). Essa mudança estrutural abriu ampla janela de oportunidades para economias de escala, pelo ângulo da oferta, e para economias de aglomeração, pelo ângulo da demanda, que viabilizaram ganhos continuados de produtividade nos dois últimos séculos. A partir de então, as sociedades industriais vêm intensificando o uso dos combustíveis fósseis nas suas atividades de produção e nos modos de consumo de sua população (Darmstadter *et al.*, 1977).

No entanto, os efeitos no meio ambiente provocados pelo aumento continuado das emissões de carbono na atmosfera tornaram a expansão do consumo de combustíveis fósseis disfuncionais.[1] É praticamente consensual que a trajetória de expansão do sistema energético, assentada nos padrões de consumo de combustíveis fósseis adotado nas sociedades industriais, tornará o planeta refém

[1] Também não devem ser negligenciados os problemas geopolíticos provocados pelas dificuldades existentes para o acesso às fontes de suprimento de hidrocarbonetos.

de eventos climáticos extremos (Stern, 2006), afetando ricos e pobres indiscriminadamente (Beck, 1986). O princípio da precaução sugere a necessidade de uma inflexão na trajetória de expansão socioeconômica baseada no consumo intensivo de energias fósseis deslanchada após a revolução industrial.[2]

Os riscos geopolíticos e ambientais da energia nuclear têm, na prática, postergado a difusão do seu uso.[3] Dessa forma, a transição energética para uma sociedade de baixo carbono fica necessariamente associada à expansão do suprimento energético baseado em fontes renováveis de energia.

O Brasil reúne condições privilegiadas para acelerar sua transição para uma economia de baixo carbono, deslanchada na década de 1970 (Araújo e Oliveira, 2005). Dotado com amplo potencial de fontes renováveis, com baixo custo de oportunidade, o país pode ampliar competitivamente a parcela dessas fontes em sua matriz energética. Por outro lado, a identificação de vastos reservatórios de hidrocarbonetos no pré-sal criou condições objetivas para que essa ampliação possa ser conduzida sem comprometer a segurança do seu suprimento energético (Oliveira, 2011). A garantia da confiabilidade do sistema elétrico tem papel central nesse processo.

O Plano Decenal de Energia (PDE) oferece uma trajetória para a expansão do sistema energético na presente década (EPE, 2011). No caso do sistema elétrico, seu principal mérito é a centralização da expansão do parque gerador elétrico em fontes renováveis de energia. Porém, a maior parcela da expansão proposta seria realizada com a construção de centrais hidrelétricas na Amazônia, onde é forte a controvérsia quanto a seus

---

[2] Os processos naturais contêm irreversibilidades que induzem inflexões em trajetórias da natureza que se mostraram funcionais no passado (Prigogine & Stengers, 1979).

[3] Ainda que não se tenha avaliação plena de seus efeitos globais, é certo que a vida socioeconômica na região da usina de Fukushima foi modificada definitivamente.

impactos socioambientais. Além disso, as hidrelétricas amazônicas apresentam risco razoável de redução da sua capacidade de geração de energia, fruto da expectativa de mudanças na pluviometria da região provocada pelas mudanças climáticas (Lucena & Schaeffer, 2011).

Surpreendentemente, o PDE é tímido na proposta de expansão do parque gerador eólico e não sugere a construção de centrais termelétricas alimentadas com gás natural, apesar de indicar uma forte expansão da produção de gás natural associado à produção de petróleo. Mais ainda, ele negligencia o papel de uma política ativa de eficiência energética.

A proposta do PDE gera um sistema elétrico cuja confiabilidade fica fortemente dependente do comportamento da pluviometria na Amazônia. Para mitigar esse risco à dependência, o PDE propõe a aceleração do ritmo de expansão hidrelétrica na região. Contudo, essa solução induz forte ociosidade no parque gerador nos períodos de pluviometria favorável, que redundará na elevação das tarifas elétricas para os consumidores.

Este ensaio sugere que a expansão do parque gerador elétrico com maior ênfase na energia eólica e nas térmicas alimentadas com gás natural associado é mais adequada para o Brasil. Tal trajetória de expansão permite minimizar o custo do suprimento elétrico e avançar na transição para uma economia de baixo carbono.

A próxima seção apresenta a evolução institucional do sistema elétrico brasileiro, destacando as mudanças ocorridas no enfoque do planejamento setorial para permitir a articulação dos sistemas elétricos locais em um sistema nacional. Organizado em torno de monopólios estatais, o sistema elétrico delegou o papel de supridor de última instância às termelétricas, para garantir a confiabilidade do suprimento elétrico nas situações hidrológicas desfavoráveis. Essa solução institucional esgotou sua capacidade de promover a expansão do sistema no final do século passado.

A reforma liberalizante do sistema elétrico procurou criar um novo ambiente para a expansão do sistema, porém mostrou-se inadequada para garantir a confiabilidade do suprimento (Oliveira, 2007). O planejamento energético setorial foi reformulado com o objetivo de minimizar novo risco de situações de racionamento como as que o país enfrentou no início deste milênio. No entanto, tem se mostrado incapaz de oferecer solução adequada para a mitigação dos riscos socioambientais do sistema elétrico.

A terceira seção analisa a questão da confiabilidade do suprimento de energia, atributo essencial dos sistemas elétricos. Caracterizada como um bem público, a garantia da confiabilidade do suprimento elétrico torna particularmente complexa a liberalização do mercado elétrico brasileiro. A centralização da gestão dos reservatórios hidrelétricos foi adotada como solução para evitar que o uso oportunista da energia acumulada nesses reservatórios pelos agentes do sistema induza a necessidade de racionamentos de energia. Porém, essa solução tem se revelado custosa. A opção do PDE pela expansão hidrelétrica na Amazônia, onde a construção de grandes reservatórios hidrelétricos é inviável, torna essa questão particularmente relevante.

A quarta seção é dedicada à análise do tratamento dado no PDE para a gestão dos riscos do sistema elétrico. A preocupação crescente com os efeitos das mudanças climáticas, a competitividade econômica da energia eólica e a forte expansão prevista para a produção de gás natural associado à produção de petróleo sugerem a necessidade de renovação profunda dos instrumentos adotados para a gestão dos riscos do sistema elétrico brasileiro. No entanto, o planejamento do sistema oferecido para consulta pública não aponta nessa direção. O PDE preserva metodologia e orientações do planejamento setorial adotadas no século passado.

A seção seguinte apresenta uma visão alternativa para o planejamento setorial, em que a expansão é centrada na energia eólica e nas térmicas alimentadas com gás natural. Nessa formulação, a expansão hidrelétrica na Amazônia passaria a ser subordinada à sua inserção no plano de desenvolvimento socioeconômico da região.

A conclusão sugere que a expansão do sistema elétrico oferece ampla janela de oportunidades para o Brasil avançar na construção de uma economia de baixo carbono. Para tanto, é fundamental rever os critérios adotados no planejamento dessa expansão.

Planejamento do mercado elétrico

A eletricidade é vetor energético de uso universal.[4] Pelo ângulo da oferta, o sistema elétrico oferece a facilidade tecnológica de ser receptivo às mais diversas fontes primárias de energia que, convertidas em fluxos elétricos, podem ser transportadas até os consumidores finais pelas redes de transmissão e distribuição de energia. A diversificação das fontes no parque gerador apresenta o benefício relevante de aumentar a confiabilidade do suprimento energético, tanto em termos físicos quanto econômicos.

Historicamente, o sistema elétrico brasileiro foi desenvolvido tendo como pilar o vasto potencial hidrelétrico, próximo das zonas geográficas em processo de industrialização e de urbanização. A topografia favorável do Planalto Central permitiu a construção de grandes reservatórios hidrelétricos que, funcionando em moldes similares aos de caixas-d'água, armazenam energia nos períodos de pluviometria favorável para abastecer o mercado consumidor nos períodos de pluviometria desfavorável. Dessa forma, procurou-se proteger o suprimento de energia dos avatares da hidrologia.

[4] Mesmo no sistema de transporte, em que o petróleo é rei, o uso da eletricidade tende a se generalizar com a difusão dos veículos elétricos e a expansão dos transportes ferroviários.

O planejamento dos sistemas elétricos busca programar a expansão da capacidade de oferta do sistema para atender ao consumo esperado, garantindo a qualidade e a confiabilidade do suprimento em condições econômicas competitivas. A capacidade de oferta é planejada de forma a minimizar o risco de racionamento do consumo de eletricidade, como o enfrentado pelo Brasil no período 2001-2002.

Como os projetos elétricos caracterizam-se por prazos relativamente longos de maturação, o planejamento elétrico utiliza a técnica de cenários socioeconômicos na elaboração de trajetórias de expansão, identificando seus custos e benefícios. A mitigação dos riscos envolvidos no programa de expansão, inclusive seus riscos socioambientais, é parte relevante desse processo.

Dos sistemas locais aos sistemas regionais

O sistema elétrico brasileiro atual resulta de mais de um século de desenvolvimento (Dias Leite, 2007). Iniciado no final do século XIX, com a instalação de diversos sistemas municipais, a hidreletricidade despontou como a fonte primária de energia mais adequada para a expansão do sistema. Naquela época, os recursos fósseis domésticos conhecidos eram parcos e o país dispunha de potenciais hidrelétricos significativos próximos dos polos de urbanização.

Os primeiros movimentos de interconexão dos mercados municipais ocorreram na década de 1930, em torno de São Paulo e do Rio de Janeiro, áreas de concessão da empresa de capital canadense Light. Nessa mesma época, inicia-se o processo de intervenção do governo federal nos sistemas elétricos, visando estabelecer um arcabouço regulatório que viabilizasse a expansão do sistema em bases economicamente eficientes.

Em 1934, foi promulgado o Código de Águas, para assegurar o monopólio da União para a concessão de aproveitamentos hidrelétricos e, em 1939, foi criado o Conselho Nacional de Energia Elétrica (Cnaee) para promover a organização setorial. Em 1945, foi criada a Companhia Hidroelétrica do São Francisco (Chesf), para desenvolver o potencial hidrelétrico do Nordeste e organizar o suprimento energético nessa região. Paralelamente, estados das regiões Sudeste e Sul criaram empresas estaduais para promover o desenvolvimento de seus respectivos sistemas elétricos.

A crescente presença estatal nos sistemas elétricos praticamente paralisou os investimentos privados na sua ampliação, em um período de forte expansão da demanda de eletricidade provocada pelo crescimento industrial e pelo processo de urbanização. Racionamentos de energia elétrica tornaram-se corriqueiros para garantir o equilíbrio no suprimento elétrico. Visando superar esse problema, o governo Vargas instituiu o Fundo Federal de Eletrificação (FFE), criou o Imposto Único sobre Energia Elétrica (IUEE) e propôs a criação da Eletrobras, empresa que teria a seu cargo a execução do Plano Nacional de Eletrificação. Iniciam-se nessa época os primeiros estudos com o objetivo de planejar o dimensionamento das centrais hidrelétricas com base nos históricos de vazões (Centro de Memória da Eletricidade, 2002).

No início da década de 1960, o consórcio Canambra[5] iniciou o planejamento da expansão do sistema elétrico da região Sudeste, congregando equipe composta por profissionais de todas as concessionárias da região. Esse estudo fixou as bases metodológicas em que se assenta o planejamento do sistema elétrico brasileiro ainda hoje.

[5] O consórcio Canambra, formado por empresas de consultoria canadense-americana e técnicos brasileiros das concessionárias estatais, foi contratado com recursos do Banco Mundial.

Nele foram aventadas duas hipóteses para o crescimento da economia e para a expansão do processo de urbanização da região; esses cenários serviram de base para estimativas da demanda de energia elétrica. Por outro lado, foi realizado inventário dos sítios hidrelétricos disponíveis na região, adotando como premissa que o potencial de geração é ditado pelo histórico de vazão dos rios.[6]

Os reservatórios foram apontados como mecanismo econômico favorável para a redução dos custos de geração hidrelétrica, dado que a topografia propícia para a construção de barragens da região permitiria regularizar a larga flutuação de vazões dos seus rios. Nessa configuração, as centrais termelétricas deveriam ter papel menor no suprimento energético da região, ficando restritas à suplementação da geração hidrelétrica nos anos de pluviometria muito desfavoráveis. Outras fontes renováveis de energia não foram analisadas.

Em meados da década de 1960, a metodologia adotada para a região Sudeste foi aplicada no planejamento da expansão do sistema elétrico da região Sul pelo consórcio Canambra. Nesse caso, a topografia desfavorável para a construção de grandes reservatórios hidrelétricos e a disponibilidade de reservas carboníferas na região induziram o uso significativo da geração termelétrica no suprimento regional.

No final de década de 1960, os estudos de expansão dos mercados nas regiões Nordeste e Norte foram iniciados, nesses casos já sob a coordenação da Eletrobras e com o apoio de empresas de engenharia nacionais. Nessa mesma época, foi deslanchado o processo de reorganização empresarial do sistema elétrico brasileiro, criando-se as empresas estaduais de distribuição de

---

[6] O histórico de 35 anos sugeriu que a vazão menos favorável teria ocorrido no período 1952-1956.

energia elétrica e as empresas regionais integradas para a geração e transmissão de energia até os mercados consumidores.

Dos sistemas regionais ao sistema nacional

A década de 1970 marca uma nova etapa na dinâmica de planejamento da expansão do sistema elétrico. Nessa época, as usinas hidrelétricas já representavam aproximadamente 80% da capacidade instalada de geração, praticamente toda ela pertencente a empresas estatais, federais e estaduais. O problema da diversidade de frequências nos mercados locais,[7] que representava um empecilho técnico para a interligação desses mercados (inviabilizando a exploração das oportunidades de ganhos de escala e de aglomeração), foi paulatinamente superado, à medida que os investimentos na expansão do sistema ocorriam. O início da operação da usina de Furnas na cabeceira do Rio Grande contribuiu decisivamente para a interconexão dos mercados elétricos dos estados de São Paulo, Rio de Janeiro e Minas Gerais, onde os processos de industrialização e urbanização avançavam celeremente.

Visando criar condições financeiras favoráveis para a exploração das oportunidades de ganhos de escala e de aglomeração por meio da construção de grandes centrais hidrelétricas, o governo federal instituiu a Reserva Geral de Reversão (RGR) para financiar a expansão do sistema, reduziu as alíquotas de pagamento de imposto de renda das concessionárias e elevou a remuneração legal das concessionárias de 10% para 12%. A centralização do processo de expansão do sistema elétrico foi acentuada com a instituição do regime de equalização tarifária, em que as concessionárias das regiões com menor grau de industrialização passa-

[7] Durante seu período infante, o sistema elétrico foi sendo estruturado com base em sistemas locais utilizando frequências distintas (50 e 60 Hertz).

ram a ter suas tarifas subsidiadas com recursos oriundos de outra reserva legal (Reserva Global de Garantia-RGG).

Na década de 1970, as decisões de construir Itaipu e Tucuruí e de lançar o programa de construção de um parque gerador nuclear provocou mudança profunda no planejamento da expansão e da operação do sistema elétrico. A confiabilidade do suprimento elétrico passou a ser fortemente dependente da gestão dos reservatórios hidrelétricos. Centrais de grande dimensão, elas exigiam mudanças significativas no planejamento setorial para viabilizar o aproveitamento da diversidade hidrológica das bacias hidrográficas brasileiras. Por outro lado, a crise do petróleo reduziu drasticamente as expectativas quanto à expansão do parque gerador termelétrico.

O planejamento setorial foi organizado em torno de quatro regiões geoelétricas (Sudeste+Brasília; Sul, Nordeste e Norte), cada uma delas correspondendo ao espaço de atuação de uma subsidiária da Eletrobras (Furnas, Eletrosul, Chesf, Eletronorte). Para definir a programação da expansão do parque gerador das concessionárias, foi criado o Grupo Coordenador do Planejamento da Expansão (GCPE), composto por técnicos das concessionárias. Para coordenar a operação do sistema tornada necessária pela interligação dos mercados das regionais, foi criado o Grupo Coordenador da Operação Interligada (GCOI).[8] O planejamento da expansão passou a ser estruturado em torno de centrais hidrelétricas e centrais nucleares, ficando a expansão termelétrica convencional limitada ao uso das disponibilidades de carvão mineral no sul do país.[9]

A crise econômica da década de 1980 teve efeitos profundos na dinâmica da expansão do sistema elétrico ao desorganizar

---

[8] Também compostos por técnicos das concessionárias.

[9] Em meados da década de 1980, o critério de planejamento do sistema elétrico foi revisto, passando a ser avaliado o risco da necessidade de racionamento. O sistema passou a ser planejado de forma a atender à demanda, aceitando o limite de 5% para o risco probabilístico de déficit no suprimento.

seus mecanismos de financiamento (Oliveira, 2007). O ritmo de expansão da demanda caiu bruscamente do patamar superior a 10% anuais, vigentes na década de 1970, para patamares anuais significativamente mais baixos (4,6% entre 1985 e 1990). Diversos projetos de expansão do sistema foram paralisados ou postergados, gerando custos financeiros adicionais em um período de escalada inflacionária. O governo passou a controlar as tarifas elétricas com o objetivo de conter o ritmo galopante da inflação.

Essas circunstâncias tornaram obsoleto o plano de expansão para o horizonte 1995 elaborado pela Eletrobras.[10] O plano foi revisto, porém a previsão da demanda de eletricidade foi mantida em patamar elevado, e o plano de obras sofreu pequenas alterações, assumindo que seriam restabelecidas condições favoráveis para o financiamento dos projetos elétricos. Ambas as hipóteses revelaram-se equivocadas.

As condições financeiras do sistema deterioram-se rapidamente e, apesar de ter sido lançado o Plano de Recuperação do Setor de Energia Elétrica (PRS) no governo da Nova República,[11] o sistema elétrico encontrava-se em situação financeira desastrosa no final da década de 1980, incapaz de alavancar os recursos financeiros necessários para dar continuidade à sua expansão (Oliveira, 2007). O atraso na execução de projetos obrigou o governo a decretar o racionamento de energia elétrica na região Sul em 1986, e nas regiões Norte e Nordeste em 1987.

As dificuldades de obter financiamento para a expansão do sistema elétrico, agravadas pela moratória da dívida externa, que inviabilizou o fluxo de recursos externos, tornaram-se

[10] Entre 1976 e 1978, as tarifas caíram mais de 10% e as taxas de juros dos empréstimos externos subiram de 4,5% para mais de 20% ao ano, entre 1975 e 1980 (Centro da Memória da Eletricidade, 2002).

[11] O PRS propunha a elevação tarifária para colocar a remuneração dos investimentos em patamar mais elevado, com aportes financeiros do Tesouro para a construção das centrais nucleares.

mais agudas a partir da promulgação da Constituição de 1988, que extinguiu o Imposto Único de Energia Elétrica (IUEE) e o empréstimo compulsório incidente sobre as tarifas industriais, utilizados para financiar a expansão setorial. Nesse ambiente foi elaborado o plano de expansão para o horizonte 2010.

Esse plano marca uma mudança no enfoque do planejamento setorial. Nele foram envolvidos não apenas técnicos setoriais, pois especialistas e entidades interessadas nos efeitos socioambientais dos projetos elétricos participaram também de sua elaboração. Suas previsões da demanda contemplaram pela primeira vez metas para a eficiência energética, tendo sido criado o Grupo Coordenador da Conservação de Energia Elétrica (GCCE) para implementar as ações previstas no Programa de Conservação de Energia Elétrica (Procel). O plano apontou para mudanças estruturais importantes no consumo regional de energia, com queda progressiva da participação da região Sudeste no consumo de energia nacional.

Pelo ângulo da oferta, o plano preservou a geração hidrelétrica como a melhor opção econômica para a expansão do sistema, apesar de já identificar dificuldades socioambientais para a construção de reservatórios hidrelétricos.[12] O plano simplesmente negligenciou as oportunidades de expansão com base em outras fontes renováveis de energia, limitando-se a sugerir que fosse estudada a cogeração nas usinas de açúcar e álcool.

Na área nuclear, o plano mudou radicalmente o enfoque. O plano de expansão nuclear programado na década de 1970 foi abandonado, tendo sido indicado que a construção de centrais nucleares teria por objetivo central a aquisição de capacitação tecnológica. A expansão com centrais térmicas ficou restrita ao uso das reservas carboníferas da região Sul e foi sugerido

[12] A construção de Belo Monte foi prevista para entrar em operação em 1999.

estudo da possibilidade de centrais térmicas alimentadas com gás natural importado da Bolívia.

O plano 2010 procurou analisar os impactos socioambientais da expansão do sistema elétrico, tema que começara a ganhar relevância com a redemocratização. Resolução do Conselho Nacional de Meio Ambiente (Conama), de 1986, determinou que a execução de projetos hidrelétricos dependeria de sua aprovação de Estudo de Impacto Ambiental (EIA) e de Relatório de Impacto Ambiental (Rima).

Esses estudos subsidiariam a decisão de concessão de Licença Prévia, para dar início à construção da obra, e da concessão de Licença de Operação, para o preenchimento de reservatórios, no caso de hidrelétricas.[13] Nesse plano foi indicado que, diferentemente do passado, os projetos elétricos necessitavam evidenciar seus custos e seus benefícios para a região onde os projetos são executados.[14]

O plano 2010 foi lançado em um período em que as concessionárias estaduais com maior peso no sistema (Cesp, Copel, Cemig, CEEE) começaram a questionar a coordenação do planejamento setorial sob a liderança da Eletrobras, assim como os mecanismos de transferência de receitas entre as concessionárias, instituídos pelo governo federal. Essas concessionárias decidiram suspender o recolhimento da RGR e da RGG, deixando também de recolher sistematicamente o pagamento da energia suprida pelas geradoras federais e por Itaipu.

A Revisão Institucional do Setor Elétrico (Revise) foi elaborada com o objetivo de encontrar uma solução política para as

[13] Em 1987, foi criado o departamento de meio ambiente no âmbito da Eletrobras, para conduzir os estudos de impactos socioambientais dos projetos elétricos.

[14] É interessante notar que o plano 2010 identificou a necessidade de investir na capacitação tecnológica e industrial para o suprimento da demanda de equipamentos e serviços oriundos dos projetos elétricos, propondo que os investimentos em pesquisa e desenvolvimento do sistema alcançassem aproximadamentede 3% de seu investimento.

diferenças entre as concessionárias, porém não teve sucesso. As empresas estaduais defendiam a descentralização da gestão do sistema, enquanto o governo federal propunha a continuidade da centralização.

Liberalização do mercado elétrico

A constituição de 1988 indicou uma mudança radical na trajetória institucional do sistema elétrico, ao definir que a concessão de serviços públicos deve necessariamente ser objeto de licitações públicas (artigo 175). No ambiente de crise política que se seguiu ao *impeachment* do presidente Fernando Collor de Mello, foi sancionada a Lei nº 8.631, que suprimiu o regime de remuneração garantida, instituído na década de 1930, e o regime de equalização tarifária estabelecido na década de 1970. Uma profunda reforma institucional do sistema elétrico tornou-se inadiável, porém ela só viria a ser implementada em 1995, após a regulamentação do artigo 175 da Constituição Federal.

A Lei nº 9.074/1995 deu liberdade aos grandes consumidores na aquisição de seu consumo de energia e estabeleceu o livre acesso aos sistemas de transporte de energia. Ela também criou a figura jurídica do produtor independente de energia (PIE) e eliminou a reserva de mercado que geradores estaduais e federais tinham na venda de sua energia para as distribuidoras. Em paralelo, a Eletrobras e suas subsidiárias foram incluídas no programa de privatização iniciado no governo Collor.

As privatizações de distribuidora avançaram celeremente enquanto avançavam os estudos visando redefinir o modelo institucional do mercado elétrico. A reestruturação das empresas do grupo Eletrobras foi empreendida para separar os ativos de geração dos ativos de transmissão de energia. Foram privatizados os ativos da Eletrosul e a maior parte dos ativos da CESP.

Ainda em 1995, o governo criou a Agência Nacional de Energia Elétrica (Aneel) para: i) regular as atividades do sistema elétrico; ii) promover a licitação de novos projetos elétricos; iii) aprovar estudos de viabilidade; iv) fixar tarifas e fiscalizar as atividades das empresas elétricas; v) aplicar penalidades por descumprimento de regras e contratos. Em seguida foi criado o Mercado Atacadista de Energia (MAE), no qual passaram a ser negociados os contratos de suprimento de energia entre geradores, distribuidoras e grandes consumidores.

Participam do MAE todas as empresas geradoras com carga anual igual ou superior a 50 MW, bem como as distribuidoras, as comercializadoras de energia com carga igual ou superior a 100 GWh e os grandes consumidores com demanda superior a 10 MW. Esses agentes contratam energia com preços pré-fixados em contratos de longo prazo ou compram energia no mercado *spot*, quando comercializando sem contrato. O preço da energia no mercado *spot* é fixado pelo custo marginal de operação, que é determinado com o apoio de um conjunto de modelos computacionais.

Foi estabelecido um período de transição para a livre negociação de contratos, com o objetivo de evitar um choque tarifário naquele momento. Essa regra de transição fixou as tarifas dos contratos vigentes na época (denominados contratos iniciais) até o final de 2002. Nesse período, a livre negociação só valeria para a energia ofertada por novos geradores. A partir de 2003, os contratos iniciais seriam paulatinamente liberados para livre contratação ao ritmo de 25% anuais até 2006.

O Operador Nacional do Sistema Elétrico (ONS) foi constituído como entidade sem fins lucrativos para realizar a programação e o despacho das centrais, visando otimizar o uso dos recursos energéticos e garantir o livre acesso à rede de transmissão. Em dezembro de 1999, o governo federal extinguiu o GCPS e criou o Comitê Coordenador do Planejamento da Expansão (CCPE), no âmbito do Ministério de Minas e Energia.

A partir da reforma do mercado elétrico, os planos de expansão setorial deixaram de ser determinativos para funcionarem como instrumento indicativo do desenvolvimento do sistema elétrico. Nesse novo enfoque, as propostas de expansão explicitadas nos planos apenas orientariam as decisões dos agentes privados, que estariam, a partir de então, comandando a expansão setorial.

O plano decenal 1996-2005, o primeiro a ser elaborado após o início da reforma do sistema, indicou que a ausência de regras para a comercialização de energia, a inexistência de garantias para ofertar aos credores dos projetos elétricos, e a concentração do interesse dos investidores na oferta de privatizações poderiam inibir a expansão indicativa. Essa perspectiva sugeria redução da confiabilidade do suprimento elétrico, variável especialmente relevante à medida que a retomada do crescimento econômico, propiciada pela estabilidade econômica, estava provocando forte expansão do consumo.

O plano decenal 1997-2006 indicou que os riscos de déficit superariam o patamar máximo de 5% no triênio 1998-2000, podendo atingir 15% em 1998. Porém, o plano sugeriu que esses riscos voltariam para patamar aceitável após 2001, se: i) processada a interconexão do sistema Norte-Nordeste com o sistema Sul-Sudeste; ii) realizada a importação de gás natural da Argentina e da Bolívia, para viabilizar a expansão com térmicas alimentadas a gás natural apontadas no plano no Rio de Janeiro, em São Paulo, no Mato Grosso e no Mato Grosso do Sul (2/700 MW); iii) realizada a interligação com o sistema argentino (1/000 MW).

A partir do plano decenal 1998-2007, as centrais passaram a ser classificadas segundo o grau de certeza de sua entrada em operação, situação que passou a permitir a atuação das autoridades setoriais para evitar riscos de déficit. Nesse plano foram contempladas, pela primeira vez, as oportunidades de expansão do sistema, com base em fontes alternativas de energia, na cogeração e nas centrais hidrelétricas de pequeno porte.

A liberalização do mercado elétrico provocou nova alteração na metodologia de planejamento, que passou a usar o critério de equalização do custo marginal de operação com o custo marginal de expansão como mecanismo de ajuste entre a oferta e a demanda de energia, utilizando uma curva de custo do déficit. Dessa forma, o déficit de energia deixou de ser critério de planejamento para se tornar resultado do planejamento. No final de 1999, preocupado com o aumento do risco de déficit, o governo anunciou o programa emergencial de termelétricas (posteriormente denominado programa prioritário).

Para dar viabilidade ao plano, a Eletrobras foi autorizada a atuar como comercializadora de energia, contratando energia de centrais térmicas. Esse mecanismo permitia que os projetos termelétricos oferecessem os contratos de compra de energia como garantia para obter financiamento dos investidores. O preço do gás natural para a geração termelétrica foi reduzido, para ajustar a rentabilidade desejada pelos empreendedores ao preço máximo da energia, fixado pela Aneel. O BNDES garantiu o acesso aos recursos do banco.

O programa deu prioridade à construção de 15,6 GW de capacidade térmica, na sua maior parte para entrar em operação em 2002 (10 GW) e 2003 (5,6 GW). Os custos da energia gerada nesse programa foram estimados entre quatro e seis vezes acima do custo de expansão em condições normais (isto é, sem a urgência emergencial).

Racionamento: novo enfoque para o planejamento

No final de 1999, a preocupação com a confiabilidade do suprimento elétrico cresceu significativamente. Os níveis dos reservatórios hidrelétricos atingiram patamar crítico, sugerindo que, mantidas as condições pluviométricas de 1999 no ano 2000, o racionamento no suprimento elétrico seria inevitável. A preocupação em minimizar o custo do suprimento elétrico, evitando o despacho das térmicas para economizar combustível, provocara o esgotamento precoce dos reservatórios hidrelétricos.[15] O programa emergencial de térmicas pretendia equacionar o problema, mas demandava tempo para tornar-se realidade. A viabilização do programa dependia de uma adequada repartição dos custos e dos benefícios entre as diversas instâncias governamentais nele envolvidas, tarefa que não era simples de empreender.

O verão de 2000 foi relativamente chuvoso, situação que possibilitou postergar a necessidade de racionamento, ao elevar rapidamente o nível dos reservatórios da região Sudeste, cruciais para a confiabilidade do sistema elétrico brasileiro. No entanto, os reservatórios voltaram a atingir o patamar crítico no final de 2000 e, desta vez, a pluviometria do verão não foi favorável. Como indica a Figura 1, caso o esgotamento do reservatório equivalente da região Sudeste[16] seguisse a trajetória dos anos anteriores, os reservatórios se esgotariam antes das chuvas do verão de 2002. O racionamento tornou-se inevitável para evitar o colapso do suprimento elétrico.[17]

---

[15] Entre 1996 e 1998, menos de 30% da capacidade de geração térmica foi utilizada para suprir o mercado. Em 1999 e 2000, o uso da capacidade térmica aumentou, porém permaneceu abaixo de 40%. Apenas após 2001, o uso da capacidade térmica atingiu patamar superior a 50%.

[16] O reservatório equivalente representa a somatória da energia acumulada nos diversos reservatórios da região como percentual do total de energia possível de ser acumulada nesses reservatórios.

[17] A geração de energia nas hidrelétricas é proporcional à altura da água armazenada nos reservatórios. Dessa forma, quando os reservatórios esvaziam, a quantidade de energia gerada por m^3 de água que passa pelas turbinas cai proporcionalmente. No limite, quando os reservatórios são totalmente esgotados, a capacidade de geração das hidrelétricas praticamente desaparece. Por esta razão, é essencial preservar níveis mínimos de água acumulada nos reservatórios, para evitar o colapso do suprimento hidrelétrico.

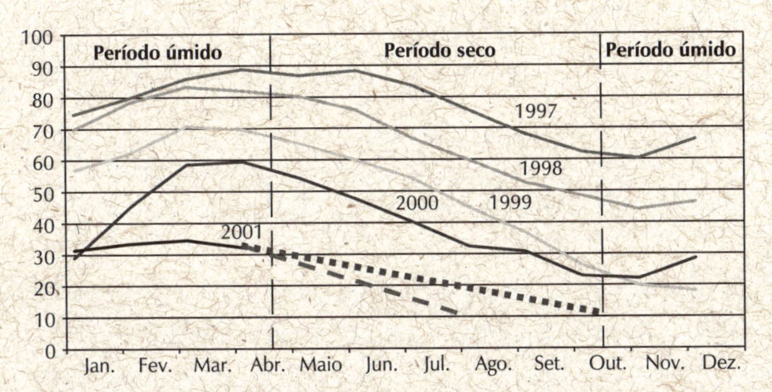

Figura 1 – Evolução do nível do reservatório equivalente, submercado Sudeste/Centro-Oeste (%).

Fonte: Elaboração própria, com base em dados do ONS.

Uma força-tarefa, comandada pelo Ministro da Casa Civil, foi criada pelo governo para equacionar a crise. Os consumidores foram constrangidos a reduzir seu consumo habitual de energia entre 15% e 25%. Aqueles que não cumprissem sua meta pagariam multas e, em caso de reincidência no não cumprimento da quota, teriam cortado seu suprimento elétrico por alguns dias. Os pequenos consumidores de energia ficaram isentos do regime de redução forçada de consumo e receberam incentivo financeiro, para reduzirem seu consumo. Para os grandes consumidores, foi aberta a possibilidade de negociarem trocas de quotas de energia para preservarem seus níveis de consumo, a preços livremente combinados.

Os consumidores aderiram ao programa de racionamento, tentando racionalizar seu uso de eletricidade, mudando hábitos (ar-condicionado, geladeira) e substituindo equipamentos elétricos ineficientes (lâmpadas, *freezers*, motores elétricos, etc.). Os grandes consumidores adquiriram geradores para serem utilizados em situação emergencial.[18]

---

[18] Atualmente, boa parte desses equipamentos é utilizada para reduzir o consumo nos momentos de pico do consumo de energia, quando as tarifas elétricas são mais elevadas.

As mudanças no comportamento dos consumidores, induzidas pelo programa de racionamento, possibilitaram inflexionar a trajetória de esgotamento dos reservatórios hidrelétricos.[19] As chuvas do verão de 2002 foram favoráveis, o que possibilitou recolocar os reservatórios hidrelétricos em patamares confortáveis para a confiabilidade do suprimento elétrico. O governo eliminou as regras de racionamento do consumo de energia elétrica em março de 2002.

O custo socioeconômico do racionamento foi enorme. As concessionárias reivindicaram e obtiveram compensações pelas perdas de receita provocadas pela decisão governamental de racionar o consumo de energia. Esses custos foram repassados para as tarifas dos consumidores. Estima-se em aproximadamente 3% a queda no ritmo de crescimento do Produto Interno Bruto (PIB), reflexo das mudanças no comportamento das empresas e dos consumidores para atender às medidas impostas pelo governo. Passada a crise, a queda do consumo e a entrada em operação de novas centrais modificaram radicalmente as condições de suprimento elétrico do país.

O governo que tomou posse em 2003 encontrou o sistema elétrico com aproximadamente 6 GW de capacidade de geração superior à demanda. Porém, a experiência do racionamento teve profundo impacto na percepção da sociedade quanto à liberalização do mercado elétrico. Visando eliminar o risco de nova situação de racionamento, o novo governo introduziu mudanças nas regras de funcionamento do mercado atacadista de energia e delegou ao Ministério de Minas e Energia (MME) o comando do sistema elétrico. A Empresa de Pesquisa Energética (EPE) foi criada para elaborar o planejamento indicativo do sistema, e também o Comitê de Monitoramento do Sistema Elétrico (CMSE), para acompanhar o esgotamento dos reservatórios hidrelétricos, com autoridade para modificar as regras de despacho do ONS,

[19] Estima-se que o consumo de energia tenha sido reduzido em aproximadamente 20% no período de racionamento.

quando necessário. O processo de privatização foi estancado e as empresas estatais voltaram a investir na expansão em consórcios liderados por investidores privados.

Pelo ângulo da demanda, o mercado atacadista de energia foi dividido em dois submercados. No submercado livre, os contratos continuam sendo bilaterais, porém a energia comercializada nesse mercado só pode ser destinada aos consumidores livres. O submercado regulado é destinado ao fornecimento de energia para as distribuidoras, que estão obrigadas a contratar sua energia em regime de *pool*, por meio de leilões públicos de energia.[20] Esses leilões, organizados pela EPE com base em estimativas de demanda apresentadas pelas distribuidoras,[21] ocorrem anualmente, sendo organizados para atender horizontes distintos de início da oferta, a partir do ano em que o leilão é realizado (Figura 2). Distribuidores e consumidores livres passaram a ter a obrigação de contratar 100% de sua demanda de carga,[22] cabendo à EPE coordenar a coleta das informações desses agentes para estimar a necessidade de expansão do sistema.

Pelo ângulo da oferta, as centrais também foram divididas em dois grupos. As centrais que estavam em operação foram designadas como ofertantes de energia *velha* (*sic*), e as centrais ainda não operacionais como ofertantes de energia *nova* (*sic*). Essa distinção permitiu organizar leilões, com prazos de contratação distintos para o fornecimento das distribuidoras. Os contratos de energia nova são de longa duração (vinte a trinta anos) e os contratos de energia velha tiveram prazos menores (oito anos), todos com cláusula de reajuste para o preço contratado com

---

20 No caso de Itaipu, a contratação continua a obedecer às regras do acordo binacional com o Paraguai, sendo prioritário o despacho dessa central nos submercados do Sudeste-Centro-Oeste e do Sul.

21 As distribuidoras tiveram seu papel de comercializadoras de energia limitado à venda de energia para os consumidores cativos de sua área de distribuição.

22 No governo anterior, os agentes deviam contratar pelo menos 95% da sua demanda. O consumo restante podia ser adquirido no mercado *spot*.

base no Índice de Preços ao Consumidor Amplo (IPCA). Para estimular a contratação de energia nova, as distribuidoras foram autorizadas a renunciar a até 4% da energia velha contratada e a repassar os custos de até 3% da energia não consumida para as tarifas dos consumidores cativos, caso seu total de energia contratada ultrapasse o consumo efetivo de seus consumidores cativos. Dessa forma, ficou praticamente eliminado o risco de nova situação de racionamento.

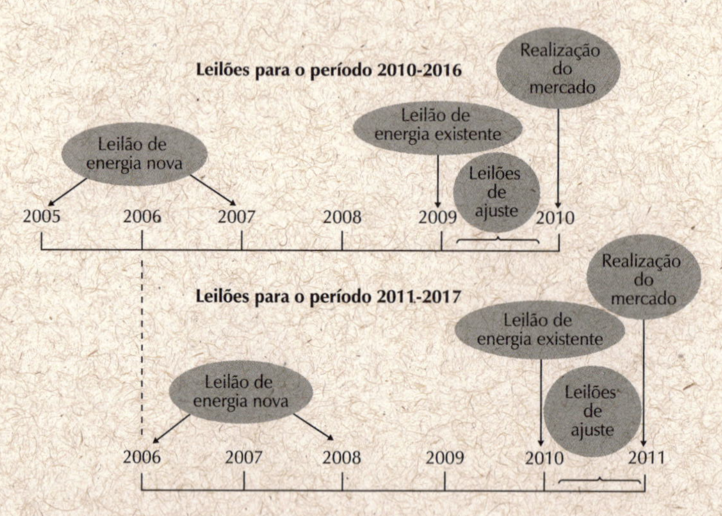

Figura 2 – Sistema de leilões no mercado regulado.
Fonte: EPE.

Gestão da confiabilidade

A eletricidade é insumo produtivo peculiar. Diferentemente de outras fontes de energia, ela é um fluxo energético cuja estocagem pelos consumidores é economicamente proibitiva nas condições tecnológicas atuais. Por essa razão, seu suprimento deve ser colocado à disposição dos seus usuários um décimo de segundo após o sistema elétrico ser informado da demanda pelo consumidor.

Para garantir a disponibilidade desse fluxo, o suprimento elétrico deve ser organizado de forma a garantir sua continuidade, mesmo em circunstâncias técnicas ou econômicas desfavoráveis. Interrupções no suprimento elétrico, ainda que por alguns minutos, geram custos elevados nas mais diversas atividades dependentes do consumo de eletricidade. Esses custos tornam-se proibitivos quando ocorrem interrupções por tempo longo, como se evidenciou durante o racionamento de energia de 2001. Dessa forma, a confiabilidade do suprimento é um atributo essencial do sistema elétrico.

Especificidades dos sistemas elétricos

O sistema elétrico pode ser assimilado a uma máquina que se estende por milhões de quilômetros quadrados. Para que essa gigantesca máquina permaneça operante, a voltagem nos milhares de pontos do sistema deve ser mantida nos limites específicos. Para tanto, cada central geradora de energia deve ser sincronizada com a operação do sistema em um intervalo de centésimo de segundo. Na realidade, o suprimento do fluxo elétrico é um pacote de serviços em que o controle da frequência, a preservação da voltagem e a manutenção de reserva de capacidade[23] são essenciais para a preservação da continuidade e da confiabilidade do suprimento do fluxo elétrico.

O consumo de eletricidade, assim como seu custo, é medido em termos de MWh, porém a capacidade de suprimento do sistema elétrico é medida em MW. O custo do suprimento resulta da soma dos custos operacionais do sistema (consumo de

---

[23] A reserva do sistema é a capacidade instalada que permanece necessariamente ociosa. É essencial que essa capacidade permaneça disponível para uso do operador do sistema elétrico sempre que eventos inesperados coloquem em risco a continuidade do fluxo elétrico para os consumidores.

combustíveis e outros insumos, mão de obra, impostos, etc.), da amortização dos investimentos realizados e da remuneração do capital investido. Dado que os investimentos são elevados e expressos em R$/MW, o custo total do suprimento elétrico depende amplamente da utilização da capacidade instalada do sistema (fator de capacidade).

Tipicamente, a maior parcela do custo do suprimento elétrico reside na parcela de investimentos. Por essa razão, a escolha das tecnologias utilizadas para atender ao mercado consumidor, as regras de amortização do investimento realizado e a remuneração acordada para o investimento realizado são determinantes na competitividade dos sistemas elétricos.

É importante notar que, quando um dos agentes do sistema trabalha para garantir a estabilidade da máquina elétrica, os demais agentes beneficiam-se de seu trabalho a custo zero. Essa realidade é fator indutor de comportamentos oportunistas que, caso ocorram, colocam em risco a estabilidade do funcionamento do sistema.

Para evitar esse problema, um agente (operador do sistema) deve assumir o papel de coordenador da operação da máquina elétrica, garantindo a continuidade no suprimento de fluxos elétricos, mesmo nas situações em que ocorram eventos não programados em algum elemento do sistema. Para tanto, é delegada ao operador do sistema a autoridade para adquirir os serviços auxiliares necessários para preservar a estabilidade elétrica da máquina e a confiabilidade do suprimento,[24] colocando-os à disposição do conjunto dos consumidores. Esses serviços constituem um bem público, e são cobrados do conjunto de consumidores.

No seu nascimento, a indústria de suprimento elétrico foi organizada em condições competitivas. Percebendo a existência

[24] Denominados serviços ancilares no jargão dos sistemas elétricos.

de uma ampla janela de oportunidades para ganhos de aglomeração (ampliação do número de consumidores atendidos pela mesma rede de distribuição de energia) e ganhos de escala (aumento da capacidade de geração das centrais), Insull[25] desenvolveu estratégia de aquisição de seus concorrentes, que culminou na monopolização do suprimento elétrico em Chicago. Sua estratégia permitiu substancial redução nos custos do suprimento elétrico daquela cidade, porém criou condições para que sua empresa pudesse explorar seu poder de mercado em detrimento dos consumidores.

Reagindo às críticas quanto ao uso de seu poder de mercado, Insull propôs que os sistemas elétricos fossem operados na forma de concessão exclusiva sob o controle do poder público, com tarifas fixadas com base no custo do suprimento mais um lucro razoável (Stoft, 2002). Dessa forma, ele argumentou que as oportunidades para ganhos de eficiência econômica ficavam preservadas e os consumidores ficavam protegidos do apetite do monopolista pelo lucro.

A fixação das tarifas ficaria a cargo de um ente regulador, que auditaria os gastos das concessionárias de eletricidade antes de determinar a tarifa adequada para os serviços elétricos prestados pela empresa elétrica.[26] As tarifas deveriam ser fixadas de modo a permitir que a empresa pudesse ressarcir seus custos operacionais, recuperar seus investimentos e obter lucro compatível com os riscos de seu negócio. Essa sistemática tarifária, denominada custo do serviço, acabou se generalizando para todos os sistemas elétricos das sociedades industriais.

---

[25] Samuel Insull (1859-1938) foi um investidor anglo-americano que contribuiu para a criação da infraestrutura elétrica integrada nos Estados Unidos.

[26] As primeiras comissões reguladoras foram criadas em Nova York e em Winconsin, em 1907.

A introdução do uso da corrente alternada na transmissão de energia, idealizada por Westinghouse,[27] reduziu drasticamente as perdas nas linhas de transporte de eletricidade, fomentando a interconexão dos mercados municipais em mercados regionais, como mecanismo de ganhos de escala e de aglomeração. O consumo ampliado possibilitava acomodar centrais de maior porte no sistema e explorar a diversidade de comportamento dos consumidores quanto ao uso da eletricidade.[28] Progressivamente, os mercados regionais foram sendo interconectados até constituírem os imensos mercados interconectados atualmente existentes no mundo industrial.

Até recentemente, os mercados elétricos eram considerados monopólios naturais, cuja cadeia produtiva (geração, transmissão, distribuição e comercialização) deveria operar de forma verticalizada. A coordenação das atividades desses elos, especialmente nas decisões de expansão pelo simples mecanismo do preço, mostrava-se ineficiente, inviabilizando a necessária confiabilidade do suprimento. A utilização de contratos para organizar os fluxos elétricos ao longo da cadeia produtiva gerava elevados custos de transação, para evitar o acesso oportunista aos serviços auxiliares oferecidos pelo sistema.

A verticalização empresarial era necessária para evitar o acesso de terceiros aos direitos residuais de controle de ativos (Hart, 1995). Ela garantia a confiabilidade do suprimento elétrico, e o regime tarifário, custo do serviço, oferecia sustentação econômico-financeira para os projetos elétricos. Na prática, a gestão dos riscos econômicos do sistema eram repassados para as tarifas dos consumidores, e seus riscos socioambientais supervisionados pelo regulador do sistema.

---

[27] George Westinghouse (1846-1914) foi um empresário e engenheiro norte-americano, considerado um dos pioneiros da indústria da eletricidade.

[28] Os hábitos de horários de consumo são diversos. Dessa forma, era possível atender mais consumidores com menor capacidade de geração instalada.

Para os consumidores que utilizam de forma intensiva a energia elétrica, as concessionárias passaram a oferecer uma tarifa dual (demanda por capacidade instalada e demanda de fluxo energético). No entanto, para os pequenos consumidores, foi adotada uma tarifa unificada que procurou refletir tanto sua demanda de fluxo energético quanto a capacidade instalada necessária para suprir esse fluxo.

Apesar de reconhecidamente muito ampla a flutuação nos custos da oferta elétrica ao longo do tempo, as flutuações não se refletiam nas tarifas, sobretudo no caso dos pequenos consumidores. As decisões quanto ao uso de energia dos consumidores eram tomadas com base em preços que deveriam retratar os custos médios de seu consumo, apesar de esses estarem distantes do custo do sistema. Esse regime tarifário inviabilizou o papel da gestão da demanda na melhoria da eficiência econômica do mercado elétrico.

Por décadas, o processo de interconexão dos sistemas elétricos locais, e depois, regionais, criou um círculo virtuoso de ganhos de eficiência econômica para os sistemas elétricos, obtidos com economias de aglomeração e de escala, que trazia o benefício adicional de elevar a confiabilidade do suprimento elétrico dos mercados locais.

Esse círculo foi interrompido no final do século passado, quando desapareceram as oportunidades de ganhos de escala na construção de centrais, assim como os ganhos de aglomeração, com a finalização do processo de interconexão de mercados regionais relevantes (Oliveira, 1992). Na ausência desses ganhos, foram sendo evidenciadas as ineficiências econômicas induzidas pelo regime tarifário pelo custo do serviço. Paralelamente, os riscos do sistema, tanto em termos da confiabilidade do suprimento quanto dos seus impactos socioambientais, foram se tornando explícitos e crescentes.

A remuneração garantida dos investimentos induz as concessionárias a sobreinvestirem, já que podem tomar empréstimos com custos inferiores à remuneração garantida para seus projetos (Averch & Johnson, 1962). A garantia de ressarcimento de custos operacionais promove a leniência no controle de gastos, uma vez que eles são repassados para as tarifas dos consumidores. As escolhas tecnológicas são ditadas por relações historicamente estabelecidas entre o monopolista e seus fornecedores, sendo rejeitadas novas soluções tecnológicas (como a energia eólica, a cogeração e a conservação de energia), ainda que soluções economicamente mais eficientes. Os reguladores, que teriam por tarefa evitar esses problemas, têm sua capacidade de supervisão limitada pela assimetria de informações com as concessionárias e acabam sendo capturados pelas concessionárias (Laffont & Tirole, 1993).

As reformas do final do século passado procuraram superar essas imperfeições do mercado elétrico, introduzindo pressões competitivas como mecanismo para melhorar o desempenho econômico dos sistemas elétricos. A criação de um mercado atacadista, em que geradores e consumidores contratam livremente os preços para seus fluxos energéticos, tem sido o nexo central dessas reformas.

Para tanto, é essencial que seja garantido o livre acesso às redes de transporte para geradores e consumidores. Um organismo coordenador do despacho físico das centrais elétricas passa a se ocupar da preservação da confiabilidade do suprimento de energia pelo sistema, sendo exercidas pressões competitivas sobre ele também para que melhore seu desempenho econômico e socioambiental. O regulador assume a tarefa de supervisionar a operação e a expansão do sistema, minimizando o poder de mercado de geradores e inserindo pressões competitivas nos elos de transmissão e de distribuição da cadeia produtiva do sistema elétrico.

Essa nova forma de organizar a cadeia produtiva do sistema elétrico descentraliza a gestão dos riscos do sistema entre os elos de sua cadeia produtiva e os organismos responsáveis por sua coordenação. Os fluxos financeiros entre os agentes do sistema são regidos por contratos, porém os fluxos físicos são articulados pelo operador do sistema, devido à incapacidade técnica de vincular contratualmente o supridor com o consumidor.[29]

As negociações ao longo da cadeia produtiva exigem modelos contratuais complexos, que criam múltiplas possibilidades de comportamentos oportunistas dos agentes do mercado, os quais procuram ocupar posições no mercado que lhes garantam possibilidades de lucros extraordinários. Esse problema é particularmente relevante nas decisões de expansão, dado que os preços de curto prazo são muito voláteis, e o formato adotado para conectar esses preços (mercado *spot*) com os preços de longo prazo (mercado de contratos) tem influência decisiva nas resoluções de investimento.

A nova forma de organizar o mercado elétrico muda de forma substancial a tarefa do regulador. De simples auditor de contas, ele passa a atuar como árbitro de conflitos de interesse, sabendo que a cooperação é indispensável para a preservação da confiabilidade do suprimento elétrico. Sua maior dificuldade reside na repartição das elevadas rendas econômicas geradas nos sistemas elétricos, que devem, em ampla medida, ser direcionadas para os consumidores.

As decisões, tanto de operação quanto de expansão, são baseadas em expectativas inevitavelmente diferenciadas entre os agentes do mercado. Dessa forma, a percepção das rendas econômicas associadas às decisões de expansão não é de fácil mensuração,

[29] Uma vez induzido o fluxo elétrico na rede, o gerador não tem como controlar quem se apropriará desse fluxo na ponta do consumo.

particularmente pelo fato de serem fortes as assimetrias de informação nesse mercado. As decisões arbitrais do regulador precisam ser percebidas como equitativas por investidores e consumidores, porém remunerativas para os riscos assumidos pelos investidores. A credibilidade técnica e a confiança na neutralidade do regulador são fundamentais para sua atuação eficiente.

A estrutura do mercado tem papel relevante no desempenho econômico e socioambiental dos sistemas elétricos. Redes de transporte robustas reduzem o poder de mercado dos geradores ao viabilizar o acesso dos consumidores às diversas fontes de suprimento de energia, porém oneram os custos do suprimento elétrico e exigem a construção de corredores de transmissão de energia que afetam comunidades locais e ecossistemas.

Economias de escala reduzem custos, mas criam oportunidades para que agentes do sistema de suprimento utilizem seu poder de mercado em detrimento dos consumidores, e concentram os impactos socioambientais dos projetos. Tarifas flutuantes em função das condições de suprimento permitem melhorar a gestão da demanda de energia e reduzir a reserva de capacidade do sistema, necessária para atender situações não programadas nas condições de oferta e/ou demanda, no entando elas induzem comportamentos oportunistas dos agentes, restringindo a oferta de energia e, consequentemente, reduzindo a confiabilidade do suprimento.

A escolha das tecnologias de geração é o elo definidor da confiabilidade do suprimento elétrico. O acesso às fontes de produção de energia primária é indispensável, contudo é também necessário que sejam garantidas condições adequadas para o suprimento em situações de interrupção não programada desse suprimento. Há, ainda, que ter presente o fato de que os custos em termos socioambientais da produção de energia recaem na comunidade local, enquanto os benefícios do suprimento confiável de energia são obtidos por muitas comunidades distantes dos locais de produção.

Assim, tecnologias de geração que se baseiam em fontes renováveis embutem riscos de desabastecimento radicalmente distintos daqueles das tecnologias assentadas em combustíveis fósseis.

A oferta de fontes renováveis de energia (eólica, solar, hidráulica, etc.) é determinada por fluxos próximos das zonas de consumo, impostos pela natureza; a estocagem dessas fontes para uso futuro é bastante limitada no atual nível de conhecimento tecnológico. A oferta de fontes fósseis de energia é determinada pela capacidade da sociedade de organizar fluxos provenientes de estoques acumulados pela natureza, não necessariamente próximos das zonas de consumo. Os custos econômicos e a análise geopolítica são variáveis-chave no processo decisório.

Os impactos socioambientais dos recursos fósseis estão vinculados fundamentalmente ao esgotamento dos reservatórios e às emissões de gases. No caso dos recursos renováveis, os impactos estão associados aos efeitos nos ecossistemas e nas populações locais. As escolhas tecnológicas para o parque gerador tornam-se mais complexas quando a opção nuclear é incluída no planejamento setorial.

Garantir a confiabilidade do suprimento de energia é tarefa primordial do planejamento do sistema elétrico. A expansão do sistema se realiza em ambiente de incertezas quanto ao comportamento futuro da demanda, das disponibilidades de fontes primárias de energia, da evolução de tecnologias, etc. Centrais geradoras alimentadas com fontes renováveis de energia diferem radicalmente das alimentadas com combustíveis fósseis, tanto por seus riscos socioambientais quanto por seus riscos técnico-econômicos. A identificação do parque gerador mais adequado para atender às futuras necessidades da sociedade é tarefa complexa, que exige análise cuidadosa dos riscos socioambientais e técnico-econômicos da trajetória proposta para a expansão do parque gerador. Essa é a tarefa central do planejamento energético.

Papel dos reservatórios na gestão de riscos do sistema elétrico brasileiro

O sistema elétrico brasileiro se estrutura em torno de centrais hidrelétricas de grande porte, que regulam o suprimento elétrico apoiando-se em reservatórios com volumosa capacidade de acumulação de energia. Esse sistema é amplamente dependente dos fluxos naturais de água que chegam a esses reservatórios, que, no entanto, contam com um parque gerador termelétrico que atua como geração complementar das hidrelétricas nos períodos de pluviometria desfavorável. Em termos socioambientais, a gestão da confiabilidade do sistema elétrico brasileiro ganhou dimensão quando a expansão do parque hidrelétrico deslocou-se para a Amazônia. Em termos técnico-econômicos, a gestão da confiabilidade do sistema elétrico brasileiro ganhou dimensão após a crise elétrica de 2001.

Antes da reforma, o mercado elétrico brasileiro era operado cooperativamente pelas concessionárias de serviços elétricos. Os riscos desse mercado, tanto em termos técnico-econômicos (composição tecnológica do parque gerador) quanto socioambientais (escolha dos sítios hidrelétricos), eram geridos de forma centralizada pelos grupos coordenadores comandados pela Eletrobras (GCOI e GCPS). O regime tarifário de custo do serviço garantia o repasse dos custos dessa gestão para as tarifas dos consumidores. O Departamento Nacional de Águas e Energia Elétrica (DNAEE) tinha a responsabilidade formal de auditar a gestão desses custos, autorizando seu repasse para as tarifas dos consumidores.

Na década de 1980, a brusca redução no ritmo de expansão do consumo interrompeu o círculo virtuoso de economias de escala e de aglomeração que escamoteava as ineficiências da gestão centralizada dos riscos setoriais. A contenção das tarifas foi adotada como estratégia de governo para reduzir essas ineficiências. No entanto, o regulador autorizou a criação da Conta de Resultados a Compensar (CRC) no balanço das concessionárias para o ressarcimento futuro do seu déficit financeiro, provocado pela contenção das tarifas.[30] As CRCs permitiram preservar a saúde econômica das concessionárias, mas desorganizaram os fluxos financeiros do sistema, praticamente paralisando sua expansão.[31]

A estabilização da economia provocou rápido crescimento do consumo de energia elétrica na década de 1990, colocando a retomada da expansão do sistema elétrico na agenda do governo. A reforma do mercado elétrico teve seu foco na criação de um ambiente atrativo para o investimento privado no sistema, e as privatizações foram uma resposta à necessidade premente de obter fluxos financeiros para o reordenamento das contas fiscais e das contas externas, gravemente deterioradas naquele momento. A questão da gestão dos riscos setoriais ficou inicialmente em plano secundário. No entanto, a divisão dos riscos é crucial na decisão de investir no sistema elétrico.

O sistema elétrico brasileiro está estruturado em torno de centrais hidrelétricas construídas nas cascatas de rios que nascem no planalto e deságuam no oceano Atlântico, após longos percursos pelo território nacional. A variabilidade da pluviometria nos rios brasileiros é intensa, tanto em termos sazonais quanto anuais, como ilustra a Figura 3. Se o parque hidrelétrico tivesse sido dimensionado para operar com base no período do pior fluxo de Energia Natural Afluente (ENA), a confiabilidade do suprimento seria elevada, porém uma parte significativa

[30] O regime tarifário custo do serviço prevê que as tarifas devem remunerar os investimentos não amortizados.

[31] Em 1993, o saldo das CRCs das concessionárias somava aproximadamente US$ 26 bilhões, valor que acabou sendo desembolsado pelo Tesouro Nacional para restabelecer condições financeiras saudáveis para essas empresas.

da energia afluente passaria pelas centrais sem ser utilizada na geração de energia. Essa solução teria tido como resultado perdas econômicas significativas e a consequente elevação do custo da geração hidrelétrica. A boa gestão do risco hidrológico é crucial para a economicidade do parque gerador hidrelétrico.

Os reservatórios hidrelétricos têm papel relevante nesse processo. Eles foram construídos com o objetivo de acumular água para gerar energia nos períodos de baixa pluviometria, aumentando a confiabilidade do suprimento elétrico nesses períodos e reduzindo o custo da geração hidrelétrica. Para aumentar a confiabilidade do sistema, foram construídas centrais térmicas para gerar energia complementar à geração hidrelétrica nos períodos de pluviometria muito desfavorável. Na prática, as centrais termelétricas funcionavam como "reservatório térmico" adicional das centrais hidrelétricas nesses períodos.

Antes da reforma, o uso da energia acumulada nos reservatórios hidrelétricos era administrado cooperativamente

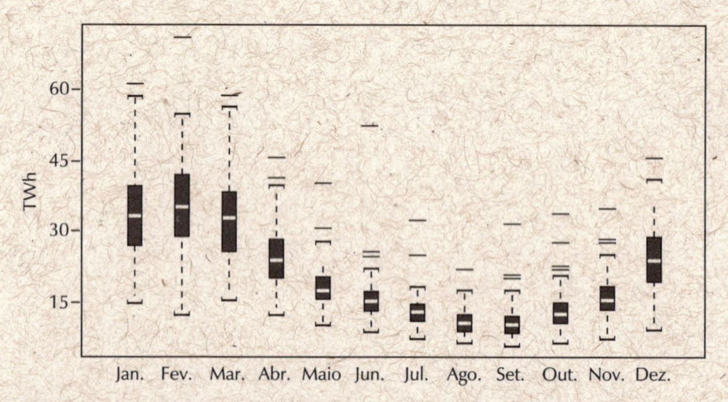

Figura 3 – Variabilidade da ENA nos reservatórios da região Sudeste.

Fonte: Elaboração própria, com dados do NOS.

OBS.: Os limites inferior e superior do gráfico de caixas mostram as flutuações no afluxo de energia para os reservatórios da região Sudeste com base na série histórica de setenta anos (1933-2002). A linha branca determina a mediana para cada mês. A caixa vermelha representa os segundo e terceiro quartis das ENAs verificadas.

pelo Grupo Coordenador da Operação Interligada (GCOI) e, com base nesse uso, a programação da expansão era determinada pelo Grupo Coordenado do Planejamento do Sistema (GCPS). A administração cooperativa pressupunha a repartição dos custos e benefícios econômicos dessa gestão entre as usinas do sistema interligado, térmicas e hidrelétricas, e consumidores.

A reforma pretendia eliminar essa gestão cooperativa, incluindo pressões competitivas no sistema. Os investidores privados teriam de embutir os riscos hidrológicos do sistema na equação financeira de seus projetos, situação que reduzia o interesse desses investidores na expansão do sistema.[32] Além disso, a descentralização da gestão dos reservatórios hidrelétricos colocaria em risco a confiabilidade do sistema, pois o esgotamento dos reservatórios seria conduzido adotando critérios de risco individualizados. Em outras palavras, os reservatórios hidrelétricos seriam esgotados, sem ter na devida conta os impactos desse esgotamento para os demais agentes do sistema.[33]

Tal perspectiva aumentava a probabilidade de boa parte da ENA não ser retida nos reservatórios, dado que o parque hidrelétrico instalado é composto por centrais situadas em etapas sucessivas das bacias fluviais (Figura 4). Dessa forma, parcela significativa da ENA corria o risco de se perder nos vertedouros das centrais hidrelétricas, reduzindo a confiabilidade do sistema elétrico e provocando forte desvalorização do parque gerador que o governo

[32] Este problema ficou claro quando o governo formulou sua estratégia de privatização de centrais hidrelétricas. O risco hidrológico mostrou-se determinante no seu valor econômico.

[33] A decisão quanto ao uso da água acumulada em um reservatório deve levar em conta o nível de armazenamento de água nos reservatórios a sua montante e a sua jusante. Quando o nível do reservatório a jusante é alto, é necessário preservar a água no reservatório para uso futuro da central a jusante. Quando o nível do reservatório a montante é elevado, é preciso criar espaço no reservatório para a água que será utilizada pela central a montante.

pretendia privatizar. Diante desse risco, o governo optou pela preservação da centralização da gestão dos reservatórios hidrelétricos.

Figura 4 – Capacidade dos reservatórios por região.
Fonte: Aneel; ONS.

Foi introduzido o conceito de energia *assegurada*, para garantir a confiabilidade do suprimento do parque gerador hidrelétrico. As centrais hidrelétricas passaram a receber certificados que lhes garantem o direito de comercializar quantidade específica de energia *assegurada*, *independentemente da quantidade de energia efetivamente gerada nessas centrais*. A responsabilidade de garantir que, a cada momento, a energia total despachada pelo parque gerador hidrelétrico é, no mínimo, a somatória de energia *assegurada* do sistema foi repassada para o ONS. Dessa forma, a gestão do risco hidrológico foi retirada das hidrelétricas, sendo delegada ao ONS.

A quantidade de energia *assegurada* de cada central é decidida no ato de outorga da concessão hidrelétrica e é determinada com base em modelos computacionais. Esses modelos buscam maximizar a quantidade de energia gerada nas hidrelétricas, sem comprometer a confiabilidade do suprimento elétrico do sistema. A energia assegurada do sistema é calculada com base na previsão da demanda dos consumidores e na expansão programada do parque gerador. Essa quantidade de energia é repartida pelas diversas centrais do sistema, com base na capacidade de geração de cada uma delas.

Para dar consistência financeira ao conceito de energia *assegurada* das hidrelétricas, foi criado o Mecanismo de Realocação de Energia (MRE). Esse mecanismo financeiro procura realizar a compensação de custos e benefícios entre as centrais hidrelétricas do sistema decorrentes das diferenças entre seus respectivos certificados de energia *assegurada* e a energia efetivamente gerada em cada uma delas.[34]

Com a criação do mercado atacadista de energia, a repartição dos custos da gestão dos riscos setoriais passou a ser embutida nos preços dos contratos bilaterais assinados por geradores, distribuidoras e consumidores livres. Havia a expectativa de que, assim como em outros mercados elétricos liberalizados, o desenvolvimento de mecanismos de proteção financeira (*hedge*) para os riscos desse mercado permitiria aumentar a eficiência do

---

[34] O MRE sustenta-se na hipótese de que, se em certos momentos a central hidrelétrica gera menos energia assegurada pelo fato de estar sofrendo um período de ENA desfavorável, em outros ela gerará mais energia para compensar as demais centrais que a apoiaram em seu momento desfavorável.

sistema e garantir a confiabilidade do suprimento. O mercado de curto prazo (*spot*) ofereceria o sinal de preço adequado para a busca de proteção para os riscos do sistema.

No entanto, o mercado de curto prazo brasileiro foi estruturado com formato peculiar. O preço nesse mercado não brota de ofertas e demandas dos agentes. Ele é obtido por meio de cálculos realizados por um conjunto de modelos computacionais,[35] operados pelo Operador Nacional do Sistema Elétrico (ONS). Esses modelos procuram realizar o despacho *otimizado*[36] do parque gerador existente. Diferentemente de outros mercados elétricos liberalizados, não foram criados mecanismos que penalizem distribuidoras e consumidores livres por usarem mais energia que a quantidade que tenham contratado.[37]

Inicialmente, as centrais térmicas não participavam do regime cooperativo de uso da ENA, tendo que assumir os riscos hidrológicos do sistema. Essa situação desestimulou os investimentos em centrais térmicas, indispensáveis para complementar a geração hidrelétrica nos períodos de pluviometria desfavorável, com a

[35] Essencialmente os mesmos modelos utilizados no regime monopolista para o despacho das centrais.

[36] A otimização consiste em utilizar a energia natural afluente (ENA) e a água acumulada nos reservatórios das hidrelétricas a fim de minimizar o consumo de combustíveis nas térmicas. O algoritmo que realiza essa otimização é alimentado com expectativas quanto: i) ao comportamento futuro da ENA; ii) aos preços futuros dos combustíveis; iii) à entrada em operação de novas centrais; iv) à disposição da sociedade a pagar por dado déficit de suprimento; v) à demanda de energia nos anos futuros, etc. O despacho proposto minimiza o custo operacional do sistema, sob a restrição de que séries hidrológicas futuras, sorteadas aleatoriamente, produzam déficit de suprimento em não mais de 5% dessas séries.

[37] No mercado atacadista nórdico, foram criados dois mercados de curto prazo. O mercado *de curto prazo* possibilita que as empresas recontratem suas expectativas de desvios contratuais com algumas horas de antecedência (*ex-ante*), enquanto o mercado de *balanço* é utilizado pelo operador do sistema após o despacho efetivo (*ex-post*) para ajustar consumo efetivo com quantidades contratadas (Nord Pool, 2002). No mercado *de curto prazo*, o preço resulta do equilíbrio entre oferta e demanda contratada pelos agentes para o dia seguinte; no mercado de *balanço*, o preço brota de ofertas de geração e de consumos efetivamente realizadas no dia anterior. Neste último mercado, há forte penalidade econômica no preço da energia, para desestimular desvios contratuais oportunistas dos agentes.

consequente perda na confiabilidade do suprimento de energia do sistema.[38] Após a crise do racionamento, o governo decidiu incorporar as centrais térmicas ao sistema de gestão centralizada do uso dos reservatórios hidrelétricos, eliminando a assimetria na gestão dos riscos hidrológicos entre as termelétricas e as hidrelétricas.[39]

As centrais termelétricas passaram a receber um certificado de energia *assegurada*, e foi introduzido o Índice Custo Benefício (ICB) na precificação de sua oferta de energia no planejamento da expansão.[40] Para garantir o despacho das térmicas, introduziu-se o conceito de *lastro* na contratação dessas centrais, exigindo-se a contratação da quantidade de combustível necessária ao despacho da central térmica a plena carga a qualquer momento. Dessa forma, as centrais térmicas têm duas opções: obter contratos interruptíveis para seu suprimento de combustível ou encontrar compradores para o combustível contratado, porém não consumido, quando não forem despachadas pelo ONS. Os riscos hidrológicos das térmicas foram repassados para o mercado de combustíveis fósseis.[41]

No entanto, os riscos no mercado elétrico liberalizado não se resumem ao risco hidrológico. Os investidores apontam como fortes limitantes para sua decisão de expandir o sistema os riscos de mercado e os riscos socioambientais, especialmente no caso das hidrelétricas.[42]

---

38 Esse fator foi determinante na criação da situação de racionamento em 2001.

39 Cabe à EPE calcular as energias asseguradas das centrais com base nos modelos de simulação do ONS.

40 O ICB é calculado com o auxílio de modelos que simulam despachos do sistema elétrico. Com ele, pretende-se estimar o custo da energia disponibilizada pela central termelétrica para o sistema.

41 Essa solução levou ao aumento da competitividade das hidrelétricas, mas deslocou a tarefa de gestão dos riscos hidrológicos para a Petrobras, que passou a ser um dos principais atores da expansão do sistema elétrico.

42 Havia também uma preocupação com o risco cambial, porém esse problema desapareceu da agenda dos investidores com a consolidação das contas externas do país.

Para mitigar os riscos de mercado das novas centrais, foram adotadas medidas regulatórias. As distribuidoras têm a obrigação de assinar contratos de longo prazo com geradores para atender a sua previsão de mercado no horizonte de cinco anos em leilões anuais de energia nova. Dessa forma, foi removido o risco de mercado para as novas centrais vencedoras dos leilões de expansão realizados pela Aneel.

Para mitigar o risco de mercado das distribuidoras, estas foram autorizadas a repassar os custos de até 3% da energia contratada, porém não consumida, para as tarifas dos consumidores cativos. Dessa forma, boa parte dos riscos de mercado das distribuidoras foi repassada para os consumidores.[43] Além disso, as distribuidoras foram autorizadas a renunciar a até 4% de seus contratos de energia velha para ajustar sua oferta à demanda de seu mercado cativo. Nesse caso, os riscos de mercado são repassados para o parque gerador de energia velha.[44]

A mitigação dos riscos socioambientais tem se revelado muito mais difícil e complexa. O esgotamento do potencial hidrelétrico próximo das regiões urbanas industrializadas tem induzido o desenvolvimento de projetos hidrelétricos na Amazônia. Porém, essa opção coloca a questão da confiabilidade do suprimento elétrico em novas bases, pois a topografia da região não é favorável à construção de grandes reservatórios.[45]

As incertezas socioambientais envolvidas na construção de projetos hidrelétricos na região são fortes, dificultando a estruturação de mecanismos econômicos para a gestão dos riscos

---

[43] A hipótese que sustenta esse mecanismo é que os consumidores estão dispostos a pagar um prêmio pela confiabilidade de seu suprimento elétrico.

[44] A hipótese que sustenta esse mecanismo é de que a maior parte do investimento realizado nas centrais ofertantes de energia velha já está amortizada. Portanto, elas podem reduzir seu preço para ajustar sua oferta à demanda do mercado.

[45] Além disso, para colocar a energia produzida nos centros de consumo, o sistema elétrico ficará dependente de longas linhas de transmissão que cortarão a Floresta Amazônica.

associados desses projetos. Aos riscos socioambientais há que agregar os riscos econômicos decorrentes das incertezas vinculadas a prováveis mudanças no regime de afluência de água nas centrais amazônicas, provocadas pela elevação da concentração de gases na atmosfera do planeta.[46] Reduções nas afluências naturais de energia vão exigir o esgotamento mais acentuado dos reservatórios hidrelétricos existentes, elevando os custos de geração do sistema e reduzindo a sua confiabilidade.

Limitada a possibilidade da construção de reservatórios hidrelétricos, o sistema elétrico terá de buscar novas fontes de energia para garantir patamares aceitáveis para a confiabilidade de seu suprimento nos períodos de pluviometria desfavorável. Ampliar a diversidade das fontes primárias do parque gerador, com particular ênfase nas disponibilidades de energia próximas dos centros consumidores, é a solução mais adequada para esse problema. Essa proximidade reduz o risco de cortes no suprimento decorrentes de problemas nas linhas de transmissão, enquanto a diversidade de fontes permite mitigar o risco de déficit no suprimento nos momentos em que há queda na disponibilidade de uma fonte qualquer.

Os grandes reservatórios hidrelétricos existentes oferecem condições favoráveis para a expansão do parque gerador com novas fontes renováveis de energia (eólica, solar, biomassas). Como no caso das hidrelétricas, o maior problema econômico dessas fontes é a minimização do risco de suprimento nos períodos em que os fluxos naturais de energia são reduzidos. A viabilidade econômica das novas fontes renováveis de energia é fortemente ampliada à medida que os reservatórios hidrelétricos e as centrais térmicas do sistema elétrico passam a ser geridos para garantir a confiabilidade do parque gerador de *todas* as fontes renováveis de energia.

---

[46] Alguns estudos climáticos sugerem que a ENA nos rios da região pode ser reduzida em até 20%, situação que tornaria Belo Monte economicamente inviável.

No entanto, é importante reconhecer que a confiabilidade do suprimento elétrico não pode prescindir de um parque gerador termelétrico para atender situações pluviométricas adversas. Esse problema merece particular atenção, à medida que estudos dos efeitos das mudanças climáticas sugerem alterações muito fortes no comportamento das ENAs nas próximas décadas, tendendo a ampliar significativamente os hiatos entre situações favoráveis e desfavoráveis. As escolhas tecnológicas para a trajetória de expansão do parque gerador elétrico serão determinantes na preservação de níveis adequados de confiabilidade para o suprimento elétrico.

A ampliação do parque gerador assentado na energia eólica é uma forma objetiva de mitigar esses riscos. Os dados disponíveis indicam que o regime de ventos apresenta sazonalidade complementar à sazonalidade do regime hídrico (ver próximo capítulo). No entanto, a ampliação dos "reservatórios térmicos" é necessária também para mitigar os riscos de eventuais interrupções no fluxo de energia nas longas linhas de transmissão que vão atravessar a Floresta Amazônica, para colocar a energia das hidrelétricas da região nos centros consumidores de energia.

O desafio do planejamento energético é formular uma estratégia competitiva para expansão do sistema elétrico, que atenda à demanda esperada, com nível de confiabilidade adequado para o suprimento, e que minimize os riscos técnico-econômicos e socioambientais dessa expansão.

Sistema elétrico de baixo carbono

A expansão dos sistemas elétricos depende fundamentalmente de expectativas, tanto das que influenciam o comportamento futuro da demanda de energia quanto das que condicionam o desenvolvimento da oferta de energia pelo sistema energético.[47] O planejamento da expansão do sistema elétrico é realizado pela EPE, que procura sistematizar as expectativas dos agentes do mercado energético, para com elas elaborar sua proposta de expansão do sistema, necessária para atender convenientemente o consumo de energia derivado dessas expectativas.

A proposta da EPE é oferecida anualmente para consulta pública, sob a forma de um plano indicativo para a expansão no horizonte de dez anos (plano decenal de expansão-PDE) e outro plano com horizonte mais longo (plano nacional de energia-PNE). O PNE opera apenas como sinalizador de tendências, enquanto o PDE procura atuar como indicativo para as decisões de expansão dos investidores.

O último plano decenal colocado para debate público pela EPE oferece um cenário para a expansão tendo como horizonte o ano 2020 (PDE-2020). Ele foi elaborado com a expectativa de que a crise econômica desencadeada em 2008 tivesse sido superada. Porém, o cenário atual sugere que a crise na zona do euro deverá tornar lenta a recuperação do crescimento econômico na presente década. Essa mudança de expectativa altera tanto o comportamento esperado da demanda quanto as condições da oferta de energia elétrica no mercado brasileiro.

Expansão proposta no Plano Decenal de Energia

O PDE-2020 (EPE, 2011) adota um cenário de crescimento econômico relativamente otimista para esta década (Tabela 1), tanto em termos globais (4% ao ano) quanto para o Brasil (5%

---

[47] Algumas variáveis são particularmente relevantes para a formulação da estratégia de expansão, como a demografia, os hábitos de consumo da população, a evolução das atividades produtivas, as disponibilidades de fontes primárias de energia, os custos de produção das fontes de energia colocadas à disposição dos consumidores.

ao ano). Para justificar tal cenário, o PDE assume como premissa o impulso dado à economia global pelas economias emergentes da Ásia. Esse impulso sustentaria a forte expansão da oferta brasileira de insumos primários àquelas economias, gerando a necessidade de ampliação da oferta doméstica de energia devido à expectativa de crescimento da atividade produtiva nos segmentos intensivos em energia. O ritmo de expansão do consumo de energia superaria o ritmo de crescimento da economia.

Tabela 1 – Cenário Plano 2020

Ano	2011	2015	2020
PIB (trilhões R$/2008)	3,4	4,1	5,2
População (milhões)	193,2	198,9	205
Consumo (milhões Tep)	237,7	292,4	372
Intensidade energética do PIB (kgep/mil R$/2008)	71	72	71
Consumo de energia por habitante (Tep/hab)	1,23	1,47	1,81

Fonte: Elaboração própria com dados do PDE 2020.

O cenário opera com o crescimento demográfico identificado no último censo do Instituto Brasileiro de Geografia e Estatística (IBGE). A população brasileira somaria 205 milhões em 2020, com crescimento demográfico mais intenso nas regiões Norte e Centro-Oeste (Tabela 1). O plano trabalha com aumento anual mais forte no número de domicílios (entre 2,1% e 2,4%), devido ao envelhecimento da população e à mudança no comportamento da taxa de natalidade da população brasileira.

O crescimento da economia seria induzido, em ampla medida, pela expectativa de incremento da parcela do produto industrial no Produto Interno Bruto (PIB), que passaria de 26,3% em 2010 para 28,1% em 2020. Essa expansão industrial seria fortemente impulsionada pela produção extrativa mineral, que passaria a representar 16,2% do produto industrial (13,3% atualmente) e pela forte expansão da produção dos segmentos industriais intensivos em energia, que deveriam seguir um ritmo de crescimento superior a 5% ao ano.[48]

O plano indica que a difusão do uso de equipamentos eletrodomésticos nas residências estaria próxima da saturação, com exceção do uso de condicionadores de ar e máquinas de lavar roupas.[49] As melhorias na eficiência energética dos equipamentos elétricos viriam essencialmente pela substituição de equipamentos por modelos novos mais eficientes, induzidos pelo programa de etiquetagem do Inmetro. O plano não propõe estímulos adicionais para induzir ganhos de eficiência energética no uso de eletricidade pelos consumidores. Sendo assim, os fatores determinantes no incremento do consumo de eletricidade nas residências brasileiras seriam o aumento do número de domicílios e a difusão do uso desses dois equipamentos eletrodomésticos. Entre 2011 e 2020, o plano decenal estima que o consumo residencial de eletricidade aumentaria 48,1%, somando 53,2 TWh.

O PDE prevê forte mobilidade da população, sendo privilegiado o transporte individual, apesar de o plano trabalhar com expectativa de preço bastante elevado para o barril de petróleo durante toda a década (entre US$ 85,00 e US$ 90,00). Assim, a frota de veículos deveria praticamente dobrar no período estudado, aumentando de 29 milhões para 56 milhões de veículos entre 2009 e 2020.[50] Esse incremento na posse de veículos viria acompanhado de significativo aumento na quilometragem anual dos veículos, provocando forte aumento no consumo de combustíveis automotivos (Tabela 2).[51]

---

[48] Alumínio, aço, ferro ligas, cobre, papel/celulose, soda cloro, petroquímica, cimento.

[49] O plano indica a expectativa de redução no uso de chuveiros elétricos e de congeladores (*freezers*) nas residências dos brasileiros.

[50] Essa expectativa é justificada pela baixa posse de veículos automotores no Brasil.

[51] A expectativa de expansão das malhas ferroviária e dutoviária deveria mitigar o ritmo de crescimento do consumo de combustíveis no transporte de mercadorias.

Tabela 2 – Estimativas para o Consumo de Energia do PDE 2020 (MTep)

Ano	2011	2015	2020
Derivados de petróleo	89,9	98,7	118,7
Gás natural	19,1	28,1	42
Carvão	10,4	15,3	18,7
Biodiesel	2,1	2,6	4,6
Etanol	12,3	20,4	32,3
Total	133,8	165,1	216,3
Eletricidade	41,2	50	62,8

Fonte: Elaboração própria com dados do PDE 2020.

O PDE indica forte mudança estrutural da demanda de combustíveis, decorrente do aumento do consumo de gás natural e de etanol. Haveria também aumento significativo do consumo de biodiesel. No entanto, o consumo de combustíveis seguiria crescendo a um ritmo bastante forte (5,5% ao ano entre 2011 e 2020). Para atender a essa expectativa de consumo de energia, o PDE prevê forte expansão da oferta de combustíveis, centrada na produção doméstica de hidrocarbonetos (Tabela 3) e na produção de etanol.[52]

A identificação de reservatórios de petróleo economicamente viáveis no pré-sal revolucionou o mercado brasileiro de hidrocarbonetos. O PDE estima que a produção de petróleo deverá atingir 6,1 milhões de b/d em 2020 (Tabela 4). Como o consumo brasileiro de derivados de petróleo deve evoluir em ritmo bem menos acentuado que o da produção de óleo bruto, o PDE sugere que o país se tornará exportador significativo de petróleo e também de seus derivados. Nessa perspectiva, o Brasil terá 3,1 milhões de b/d de petróleo disponível para ser colocado no mercado internacional no final da década de 2020.

[52] A demanda de carvão mineral tem sua origem principalmente na siderurgia, e as reservas domésticas conhecidas de carvão mineral não são adequadas para uso nos altos-fornos.

Tabela 3 – Estimativas para a produção brasileira de hidrocarbonetos

Ano		2011	2015	2020
Petróleo (milhões b/d)	Reservas aprovadas	2,3	3,7	5,4
	Reservas a serem identificadas		0,2	0,7
	Total		3,9	6,1
Gás natural (milhões m³/d)	Reservas aprovadas	89,1	131,2	186,7
	Reservas a serem identificadas		5,9	53,8
	Total		137,1	240,5

Fonte: Elaboração própria com dados do PDE.

Tabela 4 – Expectativa para a demanda de carga do SIN (GW médios)

Ano	Norte	Nordeste	Sudeste*	Sul	S/N
2011	4,3	8,5	36,3	9,7	59,1
2015	6,7	10,6	43,0	11,3	71,1
2020	9,7	13,4	51,9	13,7	88,6

Fonte: PDE 2020

* Inclui a demanda da região Centro-Oeste.

A produção de gás natural também deverá sofrer forte expansão, estimando-se o volume de 240,5 milhões de m³/d em 2020. No entanto, aproximadamente 25% do gás natural produzido será consumido nas instalações de produção, transporte e refino das empresas petrolíferas. Dessa forma, apenas 75% dessa produção estarão disponíveis para os consumidores.

É importante notar que uma parcela crescente da produção doméstica de gás natural será associada à produção de petróleo. Atualmente o gás associado representa 61,8% do gás natural produzido no país, devendo representar 84,3% (157,4 milhões de m³/d) em 2020. Dado que o plano indica que o contrato de importação de gás natural da Bolívia (30,1 milhões de m³/d) será honrado e que as expectativas para a demanda regular de gás natural doméstica do PDE somam 159,9 milhões de m^3/d, há a expectativa de que aproximadamente 28 milhões de m^3/d de gás associado fiquem sem mercado consumidor no país. Como é difícil estabelecer contratos para a exportação de gás natural associado,[53] será necessário ampliar o consumo doméstico desse gás para evitar sua queima nas plataformas de produção de petróleo. A geração termelétrica é a solução mais adequada para esse problema, como indicaremos adiante.

A expectativa do PDE para o consumo de eletricidade é de crescimento relativamente lento (4,8% ao ano) quando comparado com o consumo de combustíveis (5,5% ao ano) no período 2011-2020. Essa expectativa é surpreendente, pois a trajetória histórica nas sociedades industriais sugere a ampliação da parcela da eletricidade na sua matriz energética.[54] O crescimento do consumo de energia elétrica seria mais intenso nas regiões Norte (9,3% anuais), devido aos crescimentos da renda e da demografia regional, e Nordeste (5% anuais), fruto da melhoria na distribuição da renda regional. Para atender o consumo previsto de eletricidade, a demanda de carga (consumo mais perdas no sistema de transporte até os consumidores finais[55]) do Sistema Nacional Interconectado (SIN)[56] deveria reunir capacidade instalada suficiente para gerar 88,6 GWmédios em 2020 (Tabela 4).

---

53 A produção de gás associado é determinada pela produção de petróleo. Sua oferta para o mercado condiciona-se à programação da produção de petróleo e não aos contratos de suprimento de gás.

54 A eletricidade, por ser um vetor energético universal, tende a substituir o uso dos combustíveis.

55 O PDE estima que as perdas nas linhas de transporte diminuirão nesta década. Porém, elas permanecerão no patamar de 17%, fruto da necessidade de transportar energia das centrais hidrelétricas para os centros urbanos de produção e consumo.

56 Uma pequena parte dos consumidores, em sua maioria localizada na margem esquerda do rio Amazonas, permanecerá sendo atendida por sistemas de suprimento isolados.

Para atender a essa expectativa de consumo, o PDE sugere assentar a expansão do parque gerador em grandes centrais hidrelétricas (Tabela 5), em sua maior parte construídas na Amazônia. Ele sugere a construção de 48 centrais hidrelétricas, das quais apenas 18 já obtiveram licença socioambiental prévia para sua construção e seis têm contrato de concessão, porém ainda não obtiveram licença socioambiental prévia. Os impactos socioambientais dessas centrais são elevados e de difícil mensuração, situação que obviamente dificulta a concessão das licenças ambientais.[57] Porém, os maiores empecilhos para a obtenção das licenças têm sido a má qualidade dos estudos de impacto ambiental (EIA) preparados pelos investidores, a falta de um sistema adequado para resolução de conflitos e a falta de regras claras para a compensação social (Banco Mundial, 2008).

O plano analisa os impactos socioambientais dos 24 projetos hidrelétricos propostos que ainda não contam com licença prévia, concluindo que todos apresentam pelo menos média sustentabilidade (sete deles com indicador de alta sustentabilidade). Para chegar a essa conclusão, o PDE utilizou um conjunto de indicadores socioambientais, entre os quais se destacam a área alagada pelos reservatórios das centrais (perda de vegetação, unidades de conservação, áreas de preservação da biodiversidade), a população afetada pela obra (áreas indígenas, assentamentos, áreas urbanas) e os seus benefícios financeiros (arrecadação, empregos, infraestrutura).

[57] Boa parte dessa proposta já se encontra em execução, tendo sido contratada em leilões realizados em anos anteriores à elaboração do plano. A dificuldade na obtenção de licença prévia para a construção de grandes hidrelétricas explica a contratação de térmicas, enquanto a disponibilidade limitada de gás natural até o início da presente década explica a escolha de térmicas alimentadas com derivados de petróleo e carvão mineral.

Tabela 5 – Evolução proposta para o parque gerador elétrico (GW)

Ano	2011	2015	2020
Grandes hidrelétricas	82,9	94,1	115,1
Pequenas hidrelétricas	3,8	5,0	6,5
Eólicas	0,8	7,0	11,5
Biomassa	4,5	7,4	9,2
Nuclear	2,0	2,0	3,4
Gás natural	9,2	11,7	11,7
Carvão	1,8	3,2	3,2
Óleo combustível	2,4	8,8	8,8
Diesel	1,5	1,1	1,1
Gás de processo	0,7	0,7	0,7
Total	109,6	141,0	171,2

Fonte: EPE.

Apesar da conclusão otimista do PDE, permanece a dúvida quanto à sustentabilidade socioambiental de grandes hidrelétricas na Amazônia, como ilustra o caso de Belo Monte. As incertezas técnico-econômicas e socioambientais dos projetos da região são elevadas. Sem a construção de grandes reservatórios, a capacidade de geração de energia é bastante limitada na maior parte do ano. Esse risco tende a ser ampliado pela expectativa de forte alteração no regime pluviométrico na região, provocado pelas mudanças climáticas induzidas pela emissão de gases que provocam o efeito estufa.

Com a perspectiva de dar início à transição do sistema elétrico para as novas fontes renováveis de energia, o governo lançou, no final de 2002, o Programa de Incentivo às Fontes Renováveis de Energia (Proinfa).[58] O 12º Leilão de Energia Nova, realizado em 2011, indicou que a geração eólica já é alternativa renovável economicamente competitiva para a expansão do parque

[58] Descrito detalhadamente no próximo capítulo deste livro.

gerador elétrico, com efeitos sociais favoráveis e impactos ambientais de pouca relevância.[59]

O preço da energia eólica oferecido nesse leilão (entre R$ 97,00 e R$ 102,00 por MWh) ficou significativamente abaixo do custo marginal de expansão utilizado no PDE para planejar a expansão do parque gerador (R$ 113,00 por MWh), indicando sua competitividade econômica.[60] O avanço na curva de aprendizado dessa tecnologia de geração cria a expectativa de redução progressiva nesse preço nos próximos anos. Essa situação sugere que a expansão do parque gerador eólico proposta no PDE (11 GW) é tímida. A transição do sistema elétrico para novas fontes renováveis de energia pode ser acelerada, se a sua expansão for assentada na geração eólica.

Contudo, como as hidrelétricas, a geração eólica necessita de reservatórios que armazenem energia, para garantir a confiabilidade do suprimento elétrico nos períodos em que os ventos arrefecem. Os reservatórios hidrelétricos têm cumprido esse papel, aproveitando a relativa complementaridade entre os fluxos de energia hidráulica e de ventos.[61] Contudo, as novas centrais hidrelétricas caracterizam-se pela ausência de grandes reservatórios, situação que indica a necessidade de ampliar a capacidade de geração termelétrica para garantir a confiabilidade do suprimento elétrico, tanto eólico quanto hidrelétrico.

A ampla oferta de gás natural associado, que na ausência de usos alternativos será queimado inutilmente nas plataformas de produção de petróleo, sugere que as centrais térmicas alimentadas com gás natural oferecem a melhor alternativa

---

59 O potencial eólico brasileiro localiza-se principalmente no litoral do Nordeste, no sertão da Bahia e na costa da região Sul.

60 O 13º Leilão de Energia Nova realizado no final de 2011 confirmou a disponibilidade de ampla oferta de centrais eólicas com preços inferiores ao custo marginal de expansão. Foram contratados 840 MW adicionais de capacidade eólica.

61 Ver próximo capítulo deste livro.

para cumprir esse papel. O resultado do 12º Leilão de Energia confirma essa expectativa. Nele foram contratados mais de 1.000 MW de capacidade térmica alimentada com gás natural, também a preços substancialmente inferiores ao custo marginal de expansão. A oferta desse tipo de central só não tem sido mais ampla pelo fato de a Petrobras não mostrar disposição para assinar novos contratos para fornecimento desse combustível (*O Globo*, 2011).

As contratações de capacidade adicional de geração de energia nos últimos leilões de energia evidenciam que a trajetória mais adequada (econômica e socioambiental) para a expansão do sistema elétrico brasileiro é um parque gerador composto por centrais eólicas e hidrelétricas com significativa capacidade de geração, com termelétricas alimentadas com gás natural para garantir a confiabilidade do suprimento elétrico. A existência de grandes reservatórios hidrelétricos facilita essa trajetória de expansão ao aumentar sua competitividade econômica, tanto da geração hidrelétrica quanto das gerações eólica e termelétrica. No entanto, essa não é a trajetória proposta pelo PDE.

Cenário sustentável de baixo carbono

A metodologia e os critérios utilizados na elaboração da trajetória para a expansão do sistema elétrico utilizada no PDE permanecem fundamentalmente assentados na formulação estruturada pelo consórcio Canambra no final da década de 1950. Os reservatórios hidrelétricos são programados para "assegurar" a energia das centrais hidrelétricas, ficando o papel das centrais térmicas limitado à complementação da geração hidrelétrica nos períodos de pluviometria muito desfavorável. Apropriada para a situação daquele período histórico, essa formulação não é adequada para a realidade atual.

No século passado, uma pequena parcela da população tinha acesso aos serviços elétricos,[62] a topografia das bacias hidrográficas da região Sudeste favorecia a construção de grandes reservatórios, e o país não dispunha de reservas relevantes de combustíveis fósseis. As disponibilidades energéticas brasileiras no início do século XXI são radicalmente distintas. As futuras hidrelétricas não terão reservatórios relevantes, grandes volumes de gás natural associado correm o risco de serem desperdiçados nos queimadores das plataformas de petróleo, e a energia eólica, disponível próxima dos centros de consumo, é viável economicamente. Pelo ângulo da demanda de energia, a universalização do acesso à eletricidade criou ampla janela de oportunidades para a melhoria da eficiência energética nos usos finais da eletricidade. Ao arrefecer o ritmo do crescimento da demanda de energia, a crise econômica global criou condições favoráveis para a adoção de nova metodologia para o planejamento da expansão do sistema elétrico.

A nova metodologia para o planejamento elétrico deve ter por objetivo explorar as condições privilegiadas presentes no Brasil, para acelerar sua transição para uma economia de baixo carbono. Ela deve ser articulada em torno de quatro pilares:

- política ativa de eficiência energética nos usos finais;
- ampliação da parcela de eólica no parque gerador elétrico;
- minimização da queima inútil de gás natural nas plataformas petrolíferas;
- inserção da expansão hidrelétrica em um plano estratégico de desenvolvimento para a Amazônia.

As condições macroeconômicas domésticas oferecem condições para a mitigação dos efeitos da crise global, situação que sugere ser razoável preparar o sistema elétrico para atender um

[62] Nessa época, a organização do sistema elétrico nacional apenas se iniciava.

ritmo de crescimento econômico sustentado que pode se situar no ritmo de 3,5% anuais até meados da presente década.[63] Passado o epicentro da crise, o crescimento econômico brasileiro poderá alcançar o proposto no PDE (5% ao ano). Esse cenário reduz substancialmente a expectativa da demanda de carga de energia quando comparada com a apresentada no PDE (Tabela 6).

Já em 2011, a demanda de carga do sistema elétrico revelou-se 3 GW médios abaixo da visualizada no PDE, fruto do fato de ter ficado a taxa de crescimento econômico no ano (estimada em cerca de 3%) significativamente abaixo da expectativa de crescimento adotada no PDE (5%). Confirmado o cenário para o crescimento da economia proposto pelo PDE para os próximos anos, a programação da expansão da capacidade no horizonte 2020 será reduzida em outros 1,5 GW médios. Ou seja, a redução de 2% na taxa de crescimento da economia em 2011 permite postergar o início da operação de capacidade instalada similar à de Belo Monte para 2020.[64] Caso o cenário para os próximos anos fique nos patamares sugeridos no parágrafo anterior, o programa de expansão poderá ser reduzido em 9,1 GW médios, equivalente à capacidade de duas Belo Monte.

O programa de expansão do sistema em curso, fruto dos leilões de energia já realizados, acrescentará 44,8 GW na capacidade de geração do sistema (Tabela 7). As grandes centrais hidrelétricas dominam a expansão contratada (54,8%), sendo particularmente relevante o papel de Belo Monte (11,2 GW) nesse programa. Sozinha, ela representa 47,3% da expansão contratada de grandes hidrelétricas.

---

[63] A crise do euro sugere que o crescimento econômico global só voltará a ser acentuado na segunda metade da década atual, criando condições favoráveis para crescimento mais forte da economia brasileira a partir de 2015. Até então, o desenvolvimento do mercado interno será a dimensão determinante do crescimento da economia brasileira.

[64] Estima-se que Belo Monte deve gerar aproximadamente 4,7 GW médios.

Tabela 6 – Expectativas para a demanda de carga de energia no sistema interligado nacional (SIN)* (GW médios)

Ano	2011	2015	2020
PDE	59,1	71,7	88,6
Alternativa 1	56,1	68,1	84,1
Capacidade excedente 1	3,0	3,6	4,5
Alternativa 2	56,1	64,4	79,5
Capacidade excedente 2	3,0	7,3	9,1

Fonte: Elaboração própria.

* O PDE informa que a expectativa da demanda de carga do SIN já incorpora os ganhos de eficiência energética e a autoprodução.

Tabela 7 – Expansão contratada da capacidade de geração elétrica (MW)

	Expansão contratada (até 2010)	Leilões 2011	Total
Biomassa	2.186	297,8	2.483,8
PCH	571	–	571
Eólica	4.441	1458,6	5.899,6
Hidrelétrica	23.188	585	23.773
Nuclear	1.405	–	1.405
Térmicas	9.675	1029,2	10.704,2
Total	41.466	3370,6	44.836,6

Fonte: Elaboração própria, com dados do PDE.

A parcela de novas fontes renováveis de energia no programa de expansão contratado é relevante (18,3%) graças aos incentivos oferecidos para essas fontes no programa Proinfa e, mais recentemente, como resultado do forte aumento da competitividade da geração eólica. A expansão contratada com centrais termelétricas alimentadas com combustíveis fósseis é relativamente elevada (23,3%), situação creditada às dificuldades enfrentadas pelos formuladores de projetos hidrelétricos de atenderem à legislação ambiental.

Adotando 55% como fator de capacidade representativo desse parque adicional, pode-se estimar que o parque gerador em construção terá condições de suprir 24,7 GW médios adicionais para os consumidores finais.[65] A expansão adicional necessária para atender o *cenário alternativo 1* da demanda de carga fica assim limitada a cerca de 7 GW médios (aproximadamente 14 GW de capacidade instalada) a partir de 2016. Caso o crescimento econômico nos próximos quatro anos se situe no patamar médio de 3,5% ao ano (*cenário alternativo 2*), a necessidade de expansão a partir de 2016 resume-se a 2 GW médios (aproximadamente 4 GW de capacidade instalada). Essas estimativas sugerem que a crise econômica criou o intervalo de tempo necessário para repensar a metodologia e os critérios do planejamento elétrico.

O PDE tem o mérito de ter sido elaborado tendo como diretriz a priorização das fontes renováveis de energia em seu programa de expansão. No entanto, ele negligencia o risco de boa parte da redução nas emissões de carbono obtidas com o uso de fontes renováveis na geração elétrica ser anulada pela queima inútil de volumes expressivos de gás natural associado nas plataformas petrolíferas.

Os mercados alternativos do gás associado são limitados pela baixa confiabilidade do seu suprimento.[66] Essa característica torna o gás associado pouco atraente para a maior parte dos consumidores, reduzindo seu custo de oportunidade.[67] No entanto, essa característica torna o gás associado uma solução adequada para a incerteza da pluviometria, no caso brasileiro. Ao poupar o uso da energia hidrelétrica, um parque gerador disponível para

---

[65] Parte da energia gerada será perdida nas linhas de transporte. O PDE estima essas perdas em aproximadamente 16%.

[66] A sua oferta ser determinada pelo ritmo da produção de petróleo.

[67] Pode-se mesmo argumentar que o custo de oportunidade do gás natural associado é negativo, se observada a regulamentação adotada em diversos países que, para evitar sua queima inútil, cobram *royalties* pelo gás queimado nas plataformas. A introdução de uma taxa pelas emissões de carbono adicionará mais uma parcela ao custo de oportunidade "negativo" do gás associado.

consumir esse gás incerto pode transformá-lo em energia acumulada nos reservatórios hidrelétricos.

A nova metodologia do planejamento do sistema elétrico necessita articular as incertezas da pluviometria (e crescentemente da geração eólica!) com as incertezas da produção de gás natural associado para garantir a confiabilidade do suprimento elétrico.[68] A presença de um parque gerador termelétrico com fator de capacidade em torno de 60% parece ser a solução adequada para esse problema. Um fator de capacidade dessa dimensão garante a amortização da maior parte do investimento realizado na construção da central e disponibiliza capacidade de geração *stand-by* suficiente para acomodar as flutuações na oferta de gás natural associado.

A melhoria na competitividade da geração eólica, evidenciada nos leilões de energia nova de 2011, indica que o planejamento da expansão do sistema deve valorizar o potencial eólico, principalmente das regiões Nordeste e Sul. Por um lado, o fator de capacidade dessas centrais vem se revelando substancialmente superior ao utilizado no PDE e, por outro, os ganhos de escala na produção de equipamentos eólicos têm permitido a redução nos seus custos de investimento.[69]

A Associação Brasileira de Energia Eólica (ABEEólica) sugere a incorporação de pelo menos 2 GW de capacidade eólica anuais até o final da década, para dar sustentação ao desenvolvimento da capacitação tecnológica e industrial brasileira nesse tipo de central. A adoção dessa meta no plano de expansão se-

---

[68] A confiabilidade do suprimento é estimada por meio da probabilidade para a ocorrência de déficit no suprimento de energia, de qualquer magnitude, não superior a 5% em qualquer dos subsistemas do mercado elétrico. Devido a limitações no sistema de transmissão, o sistema elétrico estrutura-se em quatro submercados. As simulações para estimar os riscos de déficit são realizadas com o auxílio do modelo NEWWAVE (EPE, 2011).

[69] Ver próximo capítulo.

torial levaria o parque instalado eólico dos atuais 5,1 GW para aproximadamente 23 GW,[70] o dobro da capacidade instalada eólica proposta no PDE. Tal expansão elevaria para 14,5% a participação da energia eólica no parque gerador elétrico, patamar significativamente inferior ao considerado razoável para a presença da energia eólica no parque gerador elétrico (20%).

Como a maior parte do potencial eólico está localizada no Nordeste, a expansão eólica traz como benefícios adicionais receitas fiscais e renda para famílias da região mais pobre do país, dimensões importantes do desenvolvimento sustentável.[71] Além disso, a complementaridade entre as sazonalidades eólica e hidrelétrica[72] indica que a expansão do parque eólico tende a reduzir a necessidade de geração termelétrica para garantir a confiabilidade do sistema elétrico brasileiro.

É importante notar que a expansão eólica proposta pela ABEEólica permite postergar a contratação de novas hidrelétricas na Amazônia. A expansão hidrelétrica nessa região difere radicalmente da expansão que, no passado, ocorreu na região Sudeste, devido às características topográficas regionais. Esses projetos têm provocado a ocupação descontrolada de território, culminando no desmatamento desmedido da floresta.[73] Essa dinâmica é incompatível com a construção de uma economia de baixo carbono.

É necessário inverter a dinâmica atual de desenvolvimento econômico da Amazônia, que acaba sendo fruto da solução (*sic*)

---

[70] Construção de 18 GW adicionais de capacidade nos próximos nove anos.

[71] A expansão da parcela eólica não demandará mudanças significativas no *modus operandi* do sistema. Porém, vão ser necessários reforços no sistema de transmissão para harmonizar o despacho eólico com o despacho das demais centrais do sistema.

[72] Ver próximo capítulo.

[73] O PDE estima que sua proposta de expansão hidrelétrica inundará 6.882 km² de florestas, afetará 4.515 km² de florestas e exigirá a construção de 42 mil km de rede de transmissão.

dos problemas criados pela construção de hidrelétricas na região, com riscos sociais e ambientais de difícil identificação e mensuração. A expansão hidrelétrica na região deve ficar subordinada a um plano de desenvolvimento econômico regional que atenda às necessidades e aos anseios das populações locais e remova as incertezas que subsistem quanto aos benefícios líquidos dos megaprojetos hidrelétricos nessa região. A elaboração desse plano deve ficar a cargo do Ministério do Planejamento, em colaboração próxima com os ministérios do Meio Ambiente e de Minas e Energia.

A nova metodologia de planejamento do sistema elétrico deve dedicar mais atenção às oportunidades de melhoria da eficiência energética nos usos finais da eletricidade.

A crise econômica tem induzido a adoção de incentivos fiscais para fomentar a demanda doméstica de equipamentos da linha branca. Esses incentivos podem ser articulados com o Programa de Eficiência Energética do Sistema Elétrico (Procel). A redução na incidência de impostos deveria ser mais intensa para os equipamentos mais eficientes, estimulando os consumidores a optarem por aqueles com menor consumo específico de energia.

Conclusão

O Brasil reúne condições privilegiadas para construir uma economia de baixo carbono.[74] Em processo de industrialização, o país caracteriza-se pela riqueza em recursos naturais e, especialmente, pela diversidade de fontes primárias de energia. Essas condições abrem ampla janela de oportunidades para a

[74] Economia verde é mais que uma mudança na matriz energética que busque preservar a base de recursos naturais. É uma revolução produtiva e tecnológica, que tem seu cerne em mudanças profundas no modo de consumo (Cozendey, 2011).

reorganização dos regimes de produção e consumo de sua economia em diálogo com a natureza.

O planejamento da expansão do sistema energético tem papel central nesse processo. Ele funciona como polo indutor tanto da expansão do uso de fontes renováveis de energia quanto do desenvolvimento sustentável da Amazônia. Para avançar nessa direção, é necessária uma nova metodologia de planejamento para a expansão do sistema elétrico. A metodologia atual permanece fundada em critérios estabelecidos no início da segunda metade do século XX, quando o Brasil iniciava seu processo de industrialização e urbanização.

É equivocada a percepção de que o uso intensivo de energia acelera o crescimento econômico. Tal perspectiva não induz à gestão responsável da base de recursos energéticos, tanto fósseis quanto renováveis. A perda de "capital natural" provocada pelo crescimento econômico não pode ser indefinidamente compensada pelo acúmulo de "capital social" (conhecimento e tecnologias) resultante do crescimento econômico (Stiglitz, 1979).

Cedo ou tarde, os custos ambientais do esgotamento dos recursos naturais acabam se revelando superiores aos benefícios obtidos com o crescimento econômico. O desenvolvimento, para ser sustentável, exige a preservação do meio ambiente e não apenas evitar os desastres ambientais anunciados pelo incremento na atmosfera de gases que provocam o efeito estufa – seu princípio fundador é a preservação da biodiversidade, aspecto especialmente relevante no desenvolvimento da Amazônia.

O PDE tem o mérito de ter sido elaborado tendo como diretriz a priorização das fontes renováveis de energia no programa de expansão, porém não avança na transição do Brasil para uma economia de baixo carbono. Para garantir o suprimento de energia elétrica, o PDE superestima a demanda de energia e propõe que a instalação de hidrelétricas na Amazônia – onde a construção de grandes reservatórios é ambientalmente inaceitável – seja acelerada. Para garantir a confiabilidade do suprimento do sistema elétrico, o plano propõe que a energia acumulada nos reservatórios hidrelétricos existentes na região Sudeste seja utilizada para suprir o déficit no fornecimento elétrico das centrais hidrelétricas amazônicas.

Esses critérios de planejamento redundam na negligência com relação à ampla oferta de gás natural associado, na limitada expansão eólica no programa de expansão do parque gerador elétrico, e no descuido das oportunidades de eficiência energética no uso final. Na prática, a trajetória para a expansão do sistema elétrico proposta no PDE embute riscos significativos tanto do ponto de vista econômico quanto socioambiental, sem oferecer garantia adequada para a confiabilidade do suprimento elétrico, dado que estudos climáticos sugerem possibilidades de alterações significativas na pluviometria da Amazônia, com períodos de estiagem longos e profundos.

A construção de uma economia de baixo carbono e a promoção do desenvolvimento sustentável demandam profunda revisão nos critérios atualmente adotados no planejamento energético. Superestimar a demanda não é um bom critério econômico para garantir a confiabilidade do suprimento.[75] Tampouco é razoável negligenciar o risco da queima de grandes volumes de gás associado nas plataformas de petróleo. A forte ampliação do parque gerador eólico no sistema elétrico exige a adoção de novos critérios para o uso dos reservatórios hidrelétricos, assim como da oferta de gás natural associado. A exploração do potencial energético da Amazônia deve ser precedida de criterioso

[75] Cada 1.000 MW de capacidade hidrelétrica ociosa instalada representa aproximadamente R$ 3 bilhões investidos desnecessariamente.

planejamento do desenvolvimento socioambiental dessa região. A redução no ritmo da demanda de energia, provocada pela crise econômica nos países industrializados, criou condições objetivas para a revisão dos critérios atualmente adotados no planejamento energético brasileiro.

Bibliografia

ARAUJO, J. L. H. de & OLIVEIRA, A. de. "Questões de política energética para o fim do século". Em *Diálogos de energia*. Rio de Janeiro: Viveiros de Castro, 2005.

AVERCH, H. & JOHNSON, L. L. "Behavior of the Firm under Regulatory Constraint". Em *American Economic Review*, 52(5), 1962.

BANCO MUNDIAL. *Licenciamento ambiental de empreendimentos hidrelétricos no Brasil: uma contribuição para o debate*. Relatório nº 40995-BR. Brasília: Escritório do Banco Mundial no Brasil, 2008.

BECK, U. *La societé du risque*. Paris: Aubier, 1986.

CENTRO DA MEMÓRIA DA ELETRICIDADE. *O planejamento da expansão do setor de energia elétrica no Brasil*. Rio de Janeiro: CME, 2002.

COZENDEY, M. "Economia Verde como um programa para o desenvolvimento sustentável". Em *The Road to Rio+20*, UNCTAD, 2011.

DARMSTADTER, J. *et al. How Industrial Societies Use Energy*. Baltimore: John Hopkins University Press, 1977.

DIAS LEITE, A. *A energia do Brasil*. Rio de Janeiro: Nova Fronteira, 2007.

EMPRESA DE ENERGIA ELÉTRICA (EPE), 2011. *Plano Decenal de Expansão 2020*. Brasília: EPE. Disponível em www.epe.gov.br.

HART, O. *Firms, Contracts and Financial Structure*. Oxford: Oxford University Press, 1995.

JACKSON, J. *O ladrão do fim do mundo*. Rio de Janeiro: Objetiva, 2011.

LAFFONT, J. J. & TIROLE, J. *A Theory of Incentives and Regulation*. Cambridge: MIT Press, 1993.

LUCENA, A. F. P. & SCHAEFFER, R. "Mudanças climáticas, recursos hídricos, segurança alimentar e energética". Em *Brasil e os temas globais*. Rio de Janeiro: CEBRI, 2011.

NORDPOOL ANNUAL REPORT, 2002. Disponível em: nordpoolspot.com.

O GLOBO. "Petrobras suspende novos contratos para fornecimento de gás natural". Em jornal *O Globo*, 23-11-2011.

OLIVEIRA, A. de. "Energia e sociedade". Em *Ciência Hoje*, nº 29, Rio de Janeiro, 1987.

_____. *Electricity Systems Performance: Options and Opportunities for developing Countries*. Luxemburgo: CEC, 1992.

_____."Political Economy of the Brazilian Power Industry Reform". Em VICTOR, D. & HELLER, T. C. *The Political Economy of Power Sector Reform*. Cambridge: Cambridge University Press, 2007.

_____. "Energia: agenda atual". Em *Brasil e os temas globais*. Rio de Janeiro: CEBRI, 2011.

PRIGOGINE, I. & STENGERS, I. *La nouvelle alliance*. Paris: Gallimard, 1979.

STERN, N. "Executive summary (short)". Em HM TREASURY. *Review Report on the Economics of Climate Change* (pre-publication edition). Relatório para revisão. Londres: HM Treasury, 2006.

STIGLITZ J. E. "A Neoclassical Analysis of the Economics of Natural Resources". Em KERRY SMITH, V. *Scarcity and Growth Reconsidered*. Baltimore: John Hopkins University Press, 1979.

STOFT, S. *Power System Economics*. Nova York: Wiley and Sons, 2002.

WORLD BANK. *Global Economic Prospects, 2011*. Disponível em: www.worldbank.org.

Energia eólica: segunda fonte de energia elétrica do Brasil

Osvaldo Soliano Pereira, PhD.[1,2]

---

1 Professor da Faculdade Área 1, Salvador, Bahia. Diretor do Centro Brasileiro de Energia e Mudança do Clima (CBEM).

2 Gostaria de agradecer as contribuições de Maria das Graças Figueiredo, do Centro Brasileiro de Energia e Mudança do Clima, e de Pedro Nery Leoni, da Renova Energia, pela leitura da primeira versão deste material, quando formularam sugestões relevantes tanto de forma como de conteúdo. Renan Carneiro e Paulo Vitor Leal contribuíram na adaptação das figuras.

Introdução

A energia eólica, oriunda da força dos ventos, é uma fonte limpa, não emissora de poluentes ou de gases de efeito estufa, com diminutos impactos locais, e vem se constituindo na mais promissora fonte de produção de energia elétrica. Avanços tecnológicos, incentivos governamentais e a perspectiva de contribuir para reduções significativas das emissões de gases de efeito estufa têm feito explodir seu uso e, paralelamente, reduzir seu custo. Sua principal utilização tem sido na injeção de energia elétrica em redes nacionais ou regionais, principalmente em construções em terra firme (*on-shore*). Também vem crescendo, sobretudo na Europa, a geração nas plataformas continentais (*off-shore*), além de eventuais aplicações em pequenos sistemas, alimentando ilhas e áreas isoladas. Mais recentemente, começou a ser introduzida a micro e minigeração eólica, dentro das cidades, no topo dos edifícios, um mercado até há pouco tempo imaginado apenas para tetos solares.

A explosão do uso da energia eólica para produção de energia elétrica, tanto em nível mundial como no Brasil, está fundada em uma redução brutal de seus custos, devido, sobretudo, a avanços tecnológicos estimulados pelos programas de incentivo implantados nos países desenvolvidos – particularmente o regime de tarifas incentivas (*feed-in tariffs*) –, até então confinados aos fabricantes e empreendedores dos parques eólicos e, recentemente, diante da crise financeira global, compartilhados com os setores elétricos, inclusive dos países emergentes, onde os mercados continuam crescendo a ritmo acelerado.

O mercado global da energia eólica tem se expandido rapidamente, tendo saltado de uma capacidade instalada de 6,1 GW, em 1996, para quase 200 GW, ao final de 2010, o que se aproxima de uma taxa anual de crescimento de quase 30%, a despeito de um pequeno decréscimo em 2010, devido à crise financeira internacional,' quando, ainda assim, foram adicionados 38,2 GW, equivalentes a aproximadamente um terço de toda a capacidade instalada do sistema elétrico brasileiro. Estados Unidos e China, juntos, somam 43% da capacidade instalada global, enquanto a China foi responsável por 50% do crescimento em 2010.

No Brasil, apesar do atraso com que a tecnologia começou a crescer, a capacidade instalada saltou, de pouco menos de 30 MW em 2005, para mais de 1 mil MW em meados de 2011, o que representa um aumento anual de mais de 100%, com perspectivas de superar 7 mil MW em 2014.

Igualmente cresce o tamanho individual das máquinas comerciais, que foi de 75 kW, em meados da década de 1980, para uma máquina padrão atual na faixa de 2,5 MW a 3,0 MW. Alguns cenários traçados indicam a possibilidade de, por volta do ano 2050, em torno de 20% da energia elétrica no globo ser de origem eólica.

O potencial técnico global para a eólica excede, em muito, a produção global atual de energia elétrica (IPCC, 2011), com estimativas para o potencial teórico superar 500 mil TWh/ano, com potencial aproveitável variando de 19,400 mil TWh/ano, para o potencial *on-shore*, a 125,500 mil TWh/ano, incluindo o potencial *off-shore*. Um valor mais comumente aceito está na faixa de 50 mil TWh/ano, o que – comparado à produção global de eletricidade, na faixa de 20 mil TWh em 2008 –, representa mais de 2,5 vezes.

Já o potencial brasileiro, originalmente estimado com base em máquinas com rotores a 50 m de altura, ainda é oficialmente de 144 GW, ou um pouco mais de 270 TWh/ano, o que, ainda assim, representa mais da metade do consumo nacional de energia elétrica. Entretanto, considerando o padrão atual de máquinas com rotores a 100 m de altura, o potencial claramente supera 300 GW, superior ao potencial hidrelétrico nacional.

O planejamento do setor elétrico brasileiro se baseia nas séries históricas do recurso hidrelétrico; já o do recurso eólico se conhece muito pouco. Seu conhecimento é fundamental para avaliar a complementaridade desses dois recursos energéticos, que apresentam diferentes níveis e graus de intermitência, e, paralelamente, otimizar a capacidade de armazenamento dos reservatórios brasileiros, avaliando que nível de complementação de outras fontes – térmicas – será necessário e até que ponto a matriz elétrica brasileira poderá ser hidroeólica.

Apesar de, em 2008, representar menos de 2% da produção de energia elétrica global, a produção ao final de 2010 seria suficiente para, em um ano normal no que diz respeito à disponibilidade do recurso eólico, atender 5,3% do consumo total da Europa (GWEC, 2011). Paralelamente, a análise de resultados e a experiência operacional internacional têm demonstrado que, atendidas as condições de reforço do sistema elétrico, uma integração muito bem-sucedida é perfeitamente viável, com exemplos de altos níveis de penetração nos países ibéricos e níveis instantâneos superiores a 100% no oeste da Dinamarca, a despeito de uma produção variável e da dificuldade de prevê-la.

Uma penetração na faixa de 20% é perfeitamente absorvível sem grandes impactos econômicos nas matrizes elétricas.

Os benefícios da produção de energia elétrica com base em ventos são diversos, incluindo o melhor uso dos recursos locais, com diversificação das matrizes elétricas dos países, ao mesmo tempo em que se reduz a vulnerabilidade ao petróleo e a volatilidade de seus preços. Sendo uma fonte que não emite gás de efeito estufa, pode substituir as fontes fósseis, contribuindo para a mitigação do aquecimento global, paralelamente à redução de emissão de outros poluentes que causam impacto no meio ambiente local e regional. Ademais, é uma fonte que praticamente não depende de água, não causando impacto na disponibilidade de um recurso que, em algumas regiões, pode ser muito escasso.

No caso brasileiro, os benefícios da geração com esse tipo de energia, em razão de sua sazonalidade inversa à do regime hídrico, são potencializados. Na nossa matriz energética, a predominância da fonte hídrica – os grandes reservatórios existentes – e o recurso eólico complementar garantem a possibilidade de preservar o caráter limpo e renovável da matriz. Para o Brasil, outra vantagem de promover investimento nesse tipo de energia tem sido a atração de um novo segmento industrial, alavancando a indústria de componentes elétricos e expandindo as oportunidades de emprego de mão de obra especializada, tanto nos grandes centros como nas regiões remotas, onde estão sendo implantados os parques eólicos.

Em função de inovações tecnológicas, incluindo o aumento da potência individual das máquinas, que em pouco tempo atingirá o patamar de 10 MW, e a expectativa de um crescimento importante da componente *off-shore,* em que se esperam ainda maiores avanços tecnológicos, o potencial de redução de custos é significativo, e os instrumentos ainda utilizados para tornar mais viável sua expansão, como as tarifas prêmio (*feed-in tariffs*), quotas e leilões específicos deverão, no médio prazo, perder o sentido. No Brasil, em função de uma série de condições a serem discutidas ao longo deste texto, o preço da energia elétrica de origem eólica oferecida nos leilões tornou esta fonte eólica uma das mais competitivas, em um portfólio diversificado, que inclui opções de diversas fontes fósseis, além das demais renováveis. A energia eólica poderá vir a competir mesmo com algumas hidrelétricas, ainda que alguns acreditem que o patamar atingido no leilão de agosto de 2011 – R$ 99,5/MWh – não seja sustentável.

Ao longo do texto procura-se mostrar como é produzida essa fonte renovável, o potencial global e nacional, o atual nível tecnológico e os potenciais avanços que poderão facilitar a sua expansão. Discute-se, também, o nível atual de penetração e as perspectivas futuras, inclusive com impacto no nível de redução de emissão de gases de efeito estufa, quer em nível global, mas também no nível nacional, enfatizando como os programas e incentivos potencializaram seu crescimento no país. Conclui-se com uma análise dos benefícios que poderão advir e dos desafios que ainda se colocam para uma expansão ainda mais expressiva desta fonte que, junto com a hidreletricidade, pode suprir a maior parte da demanda elétrica do país.

A energia eólica

A produção dos ventos advém do efeito de convecção resultante do aquecimento do solo, que faz aquecer a massa de ar mais próxima. Esta, por ser mais leve, tende a subir e a ser substituída por uma massa mais fria. Estima-se que 2% da energia solar absorvida pela Terra é convertida em energia cinética dos ventos.

O ar ascendente resfria-se e volta à superfície. Este mecanismo existe tanto em nível local como global, resultando, no último caso, nos chamados ventos alíseos, que se deslocam em baixas altitudes, dos trópicos para o equador, e os contra-alíseos, que fazem o caminho inverso, em altas altitudes, gerando ventos globais permanentes. Em parte, os ventos alíseos explicam o grande potencial eólico do litoral norte do Brasil, na faixa que vai do Rio Grande do Norte até o Piauí.

A diferença entre o efeito da radiação solar nas massas continentais e a água faz intensinficar acerbar este efeito, contribuindo para que os ventos chamados brisas sejam mais fortes e frequentes no litoral e nas zonas de transição terra-água. Igualmente são acentuados os efeitos da convecção nas zonas limítrofes de montanhas e vales. O relevo, a rugosidade do solo e a presença de obstáculos também podem contribuir para produzir grandes diferenças no recurso eólico, mesmo em pequenas áreas.

Outro fator de grande impacto no deslocamento ou regime dos ventos é a altura. A fricção dos ventos com diferentes superfícies e a consequente turbulência resultante tendem a diminuir com o aumento da altitude. Evidentemente, o efeito de fricção varia com o tipo de superfície, em função de sua rugosidade. A variação da velocidade ao se dobrar a altura do ponto de aproveitamento (por exemplo, de 50 m para 100 m) pode variar de 5% a 100%, em função da rugosidade do terreno (Gipe, 2004).

Dessa forma, apesar da existência de ventos com perfis mais permanentes em grandes regiões, os microclimas podem exercer grande impacto, com a possibilidade de variações significativas no recurso vento, mesmo em regiões relativamente pequenas, o que torna tal recurso tão específico de cada sítio e resulta na necessidade de sua "garimpagem". A Figura 1 exemplifica o impacto da variação do tipo de superfície ou rugosidade do terreno no recurso eólico.

Assim, os deslocamentos ascendentes de massas de ar que resultam em deslocamentos horizontais de novas massas, potencializados pelo movimento da Terra, constituem os ventos. A energia eólica é, portanto, uma forma de energia solar completamente renovável, mas, por outro lado, na medida em que depende da incidência solar e dos fenômenos meteorológicos, é uma fonte com um razoável nível de intermitência.

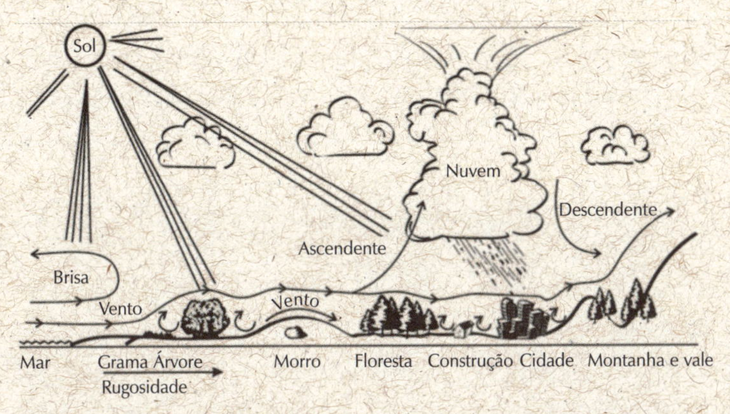

Figura 1 – Comportamento do vento sob a influência das características do terreno.
Fonte: *Atlas eólico do Brasil* (1998).

A energia solar é transformada em energia cinética dos ventos que, por sua vez, é transformada em energia mecânica pelo rotor do aerogerador e, posteriormente, em energia elétrica, no gerador. A potência teórica que se pode extrair do vento é proporcional ao cubo da velocidade do vento e diretamente proporcional à área varrida pelas pás. Esta, por se constituir em um círculo, resulta em uma variação com o quadrado do raio, ou seja o tamanho da pá do aerogerador. A fórmula abaixo representa esta relação:

$$P = \frac{1}{2}\rho A v^3 \quad (1)$$

Onde:
P = potência do vento [W]
ρ = massa específica do ar [kg/m^3]
A = área da seção transversal, ou seja, área varrida pelas pás do rotor [m^2] = πr^2
v = velocidade do vento [m/s]

Entretanto uma turbina é capaz de capturar apenas uma parcela dessa potência. O limite de Betz, que define a eficiência máxima que uma turbina eólica pode atingir, é de 59%. Assim, como mostra a fórmula, para aumentar a potência, deve-se buscar velocidades mais altas e permitir que maiores volumes de ventos cruzem a área da seção transversal, o que pode ser atingido com um menor número de pás (duas ou três). Aerogeradores com maior número de pás são mais eficientes para baixas velocidades, quando não se busca a produção de energia elétrica.

Após cruzar uma turbina eólica e ter sua energia cinética absorvida, o vento perde velocidade a jusante do rotor, recompondo-se gradualmente, à medida que se mistura com as massas de vento circulantes no entorno. São também formados vórtices que posteriormente são dissipados. Desse modo, na formação de parques eólicos, deve-se prever uma distância mínima para novas turbinas a jusante, quando o vento recupera sua condição inicial de deslocamento. De modo geral, o espaçamento entre turbinas é de sete a dez vezes o diâmetro do rotor, para turbinas colocadas a jusante em relação ao vento incidente; e de três a cinco vezes para aquelas instaladas lateralmente. Isso permite fazer face às condições climáticas prevalentes no local e às de operação das turbinas, à rugosidade do solo, além de otimizar o rendimento e a eficiência de um parque. Adicionalmente, foi regulamentada a distância de 20 diâmetros para espaçamento de outros parques. A Figura 2 ilustra um dos padrões adotados para estes espaçamentos.

As turbinas eólicas modernas geralmente partem a uma velocidade entre 3 m/s e 4 m/s (velocidades de *cut-in*), e aumentam sua potência com a velocidade do vento até atingir a potência nominal, em uma faixa de 11 m/s a 15 m/s. A partir daí produzem uma potência constante com o aumento da velocidade, devido à ação de mecanismos de controle para prevenir o sobrecarregamento da turbina e deixam de produzir quando a velocidade atinge algo em torno de 20 m/s a 25 m/s (velocidades de *cut-off*). (IPCC, 2011). A Figura 3 apresenta o perfil de desempenho de uma turbina moderna.

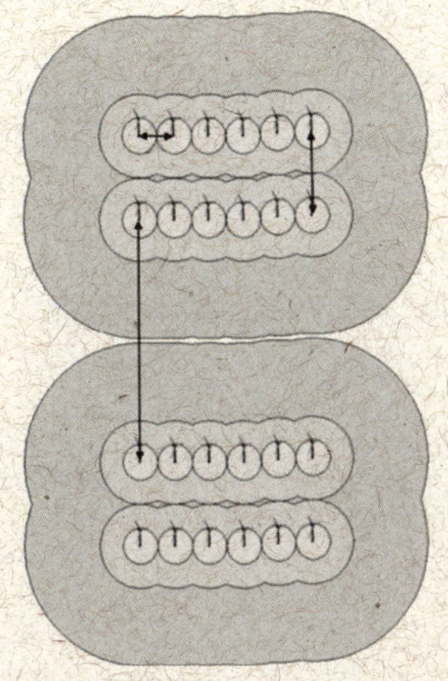

Figura 2 – Espaçamento entre turbinas.
Fonte: Porto (2009).

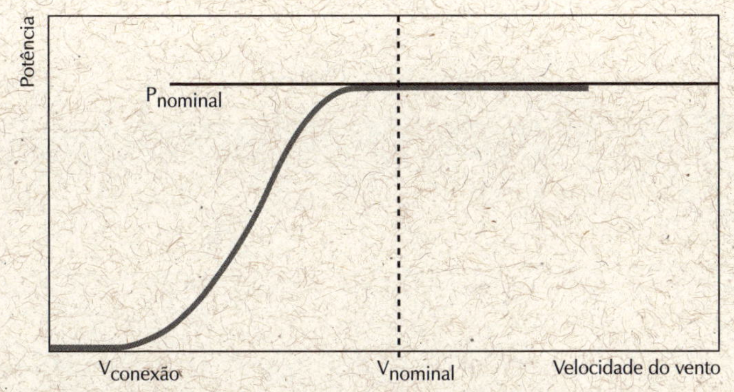

Figura 3 – Curva de potência de uma turbina eólica de velocidade variável.
Fonte: Dutra (s/d).

Outra forma constante de apresentar a potência do vento é fazer uso do conceito de densidade de potência (DP), que significa a potência por unidade de área varrida pelo rotor, tendo como unidade W/m^2. Eventualmente também é usada a nomenclatura de fluxo de potência eólico. Adaptando-se da fórmula (1), tem-se:

$$DP = \frac{P}{A} = \frac{1}{2}\rho v^3 \quad (2)$$

As estimativas das densidades de potência eólica são apresentadas como classes de vento, variando de 1 a 7, normalmente apresentadas para alturas a 10 m ou 50 m. A Tabela 1 apresenta as classes de vento, com as respectivas velocidades, que são as velocidades médias ao longo de um ano. Ventos da classe 3 e acima, a 50 m de altura, são os ventos considerados comerciais. Alguns atlas eólicos são apresentados sob a forma de linhas de densidade de potência eólica. No caso do Brasil, o *Atlas do potencial eólico* considera ventos comercialmente aproveitáveis aqueles acima de 7 m/s, a 50 m de altura, o que coincide com a classe 3 e superiores.

Tabela 1 – Classes de Vento

Classe	10 m		50 m	
	Densidade de potência (W/m^2)	Velocidade do vento (m/s)	Densidade de potência (W/m^2)	Velocidade do vento (m/s)
1	0-100	0-4,4	0-200	0-5,6
2	100-150	4,4-5,1	200-300	5,6-6,4
3	150-200	5,1-5,6	300-400	6,4-7,0
4	200-250	5,6-6,0	400-500	7,0-7,5
5	250-300	6,0-6,4	500-600	7,5-8,0
6	300-400	6,4-7,0	600-800	8,0-8,8
7	400-1.000	7,0-9,4	800-2.000	8,8-11,9

Fonte: NREL (Disponível em: http://rredc.nrel.gov/wind/pubs/atlas/tables/A-8T.html).

Para estimativa da energia eólica a ser gerada, em qualquer unidade temporal, é feita a multiplicação da potência pelo tempo de duração de ocorrência, associado a intervalos de velocidades de vento, tal como indicado acima, na Fórmula (1). Essa duração de ocorrência é geralmente representada pela distribuição estatística de Weibull, por sua aderência à grande maioria dos regimes estatísticos de vento.

A distribuição de Weibull é dada pela fórmula:

$$P(V) = \frac{k}{C}\left(\frac{v}{C}\right)^{k-1} e^{-\left(\frac{v}{C}\right)^{k}}$$

onde:

p(v) – probabilidade (ou duração) de ocorrência da velocidade v, dada por valor entre 0 e 1;
C – parâmetro de escala, em m/s;
k – parâmetro de forma, adimensional.

O parâmetro de forma diz respeito à constância do vento, ou seja, a probabilidade ou não de valores extremos, já o parâmetro de escala tem relação com a velocidade média. Com dados de vento, pode-se ajustar a distribuição de frequência a Weibull, calcular o "C" e o "k". E, com dados da máquina a ser usada e a densidade média do ar, estimar com relativa exatidão a produção de energia de uma turbina eólica em determinada base de tempo. Um exemplo de distribuição de frequência é dado, na Figura 4, para o caso de um anemônetro instalado no município de Caetité, no Estado da Bahia. Este corresponde a um dos melhores sítios identificados pelo Atlas do Potencial Eólico do Estado da Bahia (Coelba, 2006). Pode-se observar que a velocidade média, a 30 m de altura, é de 9,89 m/s, com um fator de forma de 4,13 – sinalizando a não existência de grandes extremos de ventos – e um fator de escala de 10,90 m/s. Essa região, por ter tais características, apresenta um dos melhores potenciais eólicos do Brasil, como poderá ser averiguado a seguir.

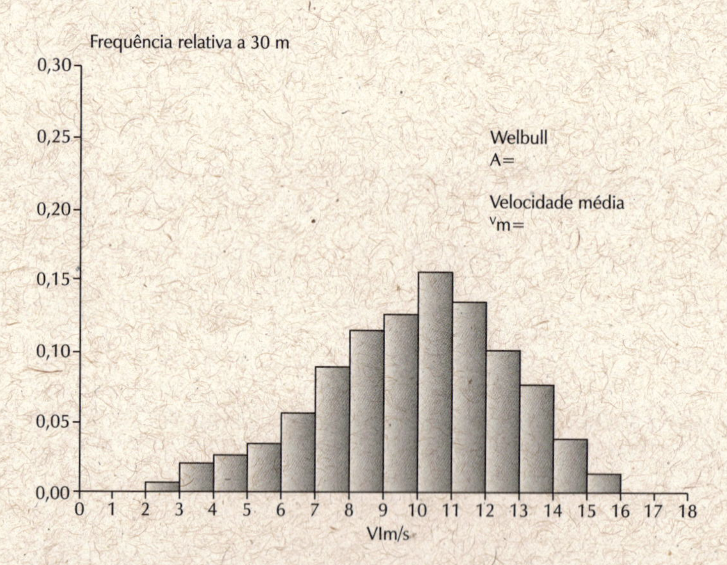

Figura 4 – Dados de vento da estação de Caetité, na Bahia.
Fonte: Coelba (2006).

O recurso eólico

Diversas estimativas têm sido feitas sobre o potencial técnico da energia eólica. Simulações globais incluem modelos de previsão de tempo, extrapolação de medições em terra ou modelagens híbridas. Seja de uma forma ou de outra, com os avanços tecnológicos, sobretudo com o aproveitamento dos ventos a maiores alturas, o potencial tem crescido. Até meados dos anos 1990, o potencial era calculado para aproveitamentos a 50 m, mas atualmente o padrão *on-shore* já supera 100 m e o *off-shore* é maior ainda, como mencionado anteriormente.

O recente relatório sobre energias renováveis produzido pelo IPCC (2011) compila o conhecimento nessa área e compara diferentes fontes de inventário do potencial energético global. No caso da eólica, o potencial técnico global estaria em uma faixa de 85 EJ/ano a 580 EJ/ano, o que, comparado com a demanda global de eletricidade de 61 EJ em 2008, representa, no limite inferior da faixa, um potencial capaz de atender toda a demanda global; e a quase dez vezes este número no limite superior. A Figura 5 mostra o potencial eólico e o compara com o de outras fontes renováveis. Por exemplo, em relação ao potencial hidrelétrico, o potencial eólico seria entre uma vez e meia a dez vezes maior.

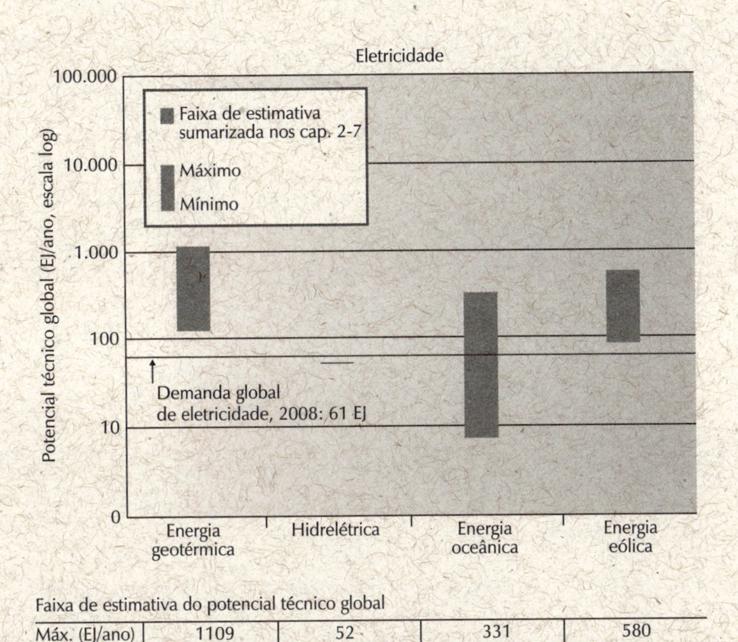

Faixa de estimativa do potencial técnico global

	Energia geotérmica	Hidrelétrica	Energia oceânica	Energia eólica
Máx. (EJ/ano)	1109	52	331	580
Mín. (EJ/ano)	118	50	7	85

Figura 5 – Potencial técnico global de algumas fontes renováveis.

Fonte: IPCC (2011).

Em geral os estudos que compilam o potencial separam-no em dois números: o potencial teórico, sem levar em conta grandes restrições de caráter social ou ambiental, e aqueles que fazem considerações mais restritivas. Um estudo frequentemente citado foi o desenvolvido por Grubb & Meyer (1993) e estimou o primeiro potencial em 498 mil TWh/ano (1,8 mil EJ/ano) e o segundo em 53 mil TWh/ano (190 EJ/ano). Para efeito de comparação deve-se lembrar que o consumo anual de energia no Brasil ainda não atingiu 500 TWh.

Até o momento, a maioria dos estudos ainda indica maior potencial eólico sobre a terra que sobre o mar, mas os estudos ainda enfocam o potencial em águas rasas próximo ao litoral. As restrições a um maior potencial de aproveitamento sobre o mar são mais de ordem econômica que de ordem técnica. Outra constatação do IPCC (2011), no qual são compilados os estudos de avaliação dos potenciais, é de que os trabalhos mais recentes, sobretudo em função dos avanços tecnológicos, indicam potenciais maiores que os estudos mais antigos. Por outro lado, podem conter estimativas muito otimistas, por não incluírem restrições de mercado, em função de potenciais distantes das cargas ou de logística.

A Figura 6 apresenta a distribuição do potencial técnico da energia eólica no globo. Observa-se claramente que a região equatorial tende a ter pouca representatividade nesse potencial, exceto o Nordeste brasileiro e a região do Chifre da África. Por outro lado, verificam-se potenciais expressivos no sul da América do Sul, na região central dos Estados Unidos, na da China e na Groelândia. Entretanto, não se deve tomar tal mapa como um padrão definitivo, pois diversos outros modelos, com considerações e premissas diferentes, apresentam cenários distintos. Ademais, nessas agregações globais, análises localizadas que levam em conta microclimas podem apresentar surpresas, como se pode constatar, adiante, com o potencial brasileiro a 100 m, que já apresenta potenciais significativos no interior de São Paulo.

Em 1993, no clássico *Renewable Energy Sources for Fuels and Electricity*, Grubb e Meyer estimaram o potencial global em 53 mil TWh/ano, com a América do Norte contabilizando 14 mil TWh/ano; África e Economias em Transição/Rússia 10 mil TWh/ano cada; e a América Latina com 5,4 mil TWh/ano, representando algo em torno de 10% do potencial global. Outro estudo mais recente, de Krewitt *et al.* (2009), propõe um potencial técnico para 2050, considerando avanços tecnológicos tais como a potência média da máquina de 3 MW e a altura do rotor em 100 m, o que pode ser considerado conservador, estimado em 368,6 EJ/ano (102,39 mil TWh/ano) para a componente *on-shore* e 25,6 EJ/ano (7,11 mil TWh/ano) para a *off-shore*. Considerando apenas o *on-shore*, a América do Norte contabilizaria 154,8 EJ/ano (43 mil TWh/ano), ou seja 42% do potencial total; as economias em transição ficariam com 63,4 EJ/ano (17,61 mil TWh/ano); e a América Latina, em uma terceira posição, com 35,3 EJ/ano (9,81 mil TWh/ano), aproximando-se de 10% do potencial global; enquanto a África ficaria com 26,9 EJ/ano (7.470 TWh/ano).

Chama atenção o fato de o potencial dobrar, o que é bastante razoável considerando os avanços tecnológicos no período. Registra-se a mesma tendência nos potenciais regionais, com exceção da América do Norte, em que há um crescimento de mais de três vezes. Obviamente os dois estudos estão defasados no tempo e não usaram as mesmas premissas ou modelos, mas refletem um gigantesco potencial e a perspectiva de crescimento com os avanços tecnológicos. Em todos os casos, o potencial eólico é sempre muito maior que a demanda de energia elétrica da região.

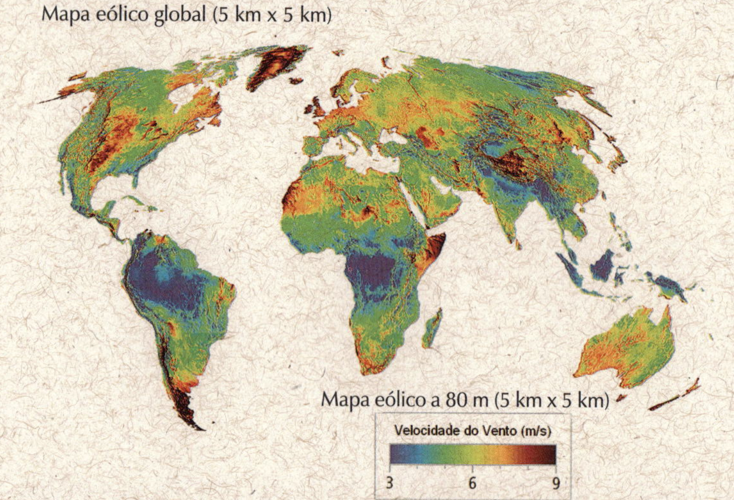

Figura 6 – Mapa do recurso eólico global com resolução 5 km por 5 km.
Fonte: IPCC (2011).

Esses estudos demonstram a necessidade de atualização do *Atlas do potencial eólico brasileiro* (MME, Eletrobras & Cepel, 2001). Em sua primeira versão, o Atlas, desenvolvido pelo Centro de Pesquisas de Energia Elétrica (Cepel) conjuntamente com a TrueWind Solutions e Camargo Schubert Engenharia Eólica, apontou as melhores regiões para o desenvolvimento de parques eólicos, além de apresentar um potencial bruto de geração eólica de 143,5 GW e uma geração 272,2 TWh/ano, o que diverge dos resultados encontrados pelos dois estudos mencionados anteriormente no que se refere ao potencial da América Latina. Este primeiro atlas foi feito com base nos aerogeradores disponíveis comercialmente na época, a 50 m de altura e com uma densidade média de ocupação de terreno de 2 MW/km^2, que é um valor bastante conservador, entre outras premissas. A Figura 7 mostra o potencial desagregado por região.

Observa-se que 53% do potencial brasileiro está concentrado na região Nordeste, particularmente na região central da

Bahia e nos litorais do Rio Grande do Norte e Ceará. Segue-se a região Sudeste, com 20%, com destaque para a região norte de Minas Gerais; e, finalmente, a região Sul com 15%, aqui chamando a atenção o litoral sul do Rio Grande do Sul e o oeste de Santa Catarina. As demais regiões, em particular a região Norte, apresentam potenciais mais inexpressivos.

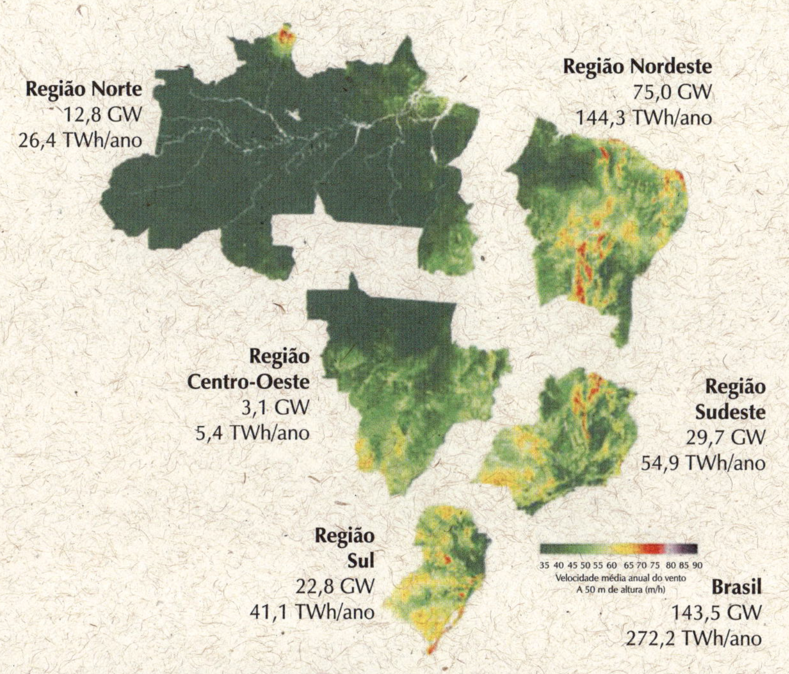

Figura 7 – Potencial Eólico Brasileiro.
Fonte: MME, Eletrobras & Cepel (2011).

Diante do caráter conservador do *Atlas* – que, como mencionado, adotou uma densidade média de ocupação de terreno de 2 MW/km², quando vários estudos de estimativas do potencial global e regional adotam números na faixa de 6 MW/km² – e do fato de se ter atualmente 100 m como padrão de altura do rotor, contrapondo-se com os 50 m adotados no primeiro *Atlas*, não será surpresa, quando da sua atualização, o potencial nacional se aproximar de 500 GW. Um primeiro esboço, ainda apenas visual, foi apresentado no Workshop em Energia Eólica promovido pelo CT Gás, em Natal, em outubro de 2008, pela equipe do Cepel (Souza, Dutra & Melo, 2008), para o cubo do rotor (*hub*) a uma altura de 100 m. Este cenário é apresentado na Figura 8.

A visualização do potencial nacional a 100 m mostra um crescimento da velocidade média das regiões que já se mostravam promissoras (litoral do Ceará e Rio Grande do Norte, região central da Bahia, norte de Minas Gerais e litoral do Rio Grande do Sul), mas aparecem novas fronteiras eólicas, como o Estado do Piauí, o oeste dos Estados de São Paulo, Paraná e Santa Catarina, e até algum potencial no Mato Grosso do Sul, além do nordeste de Roraima, que já aparecia no atlas anterior. Em uma apresentação em setembro de 2011, quando do Brasil

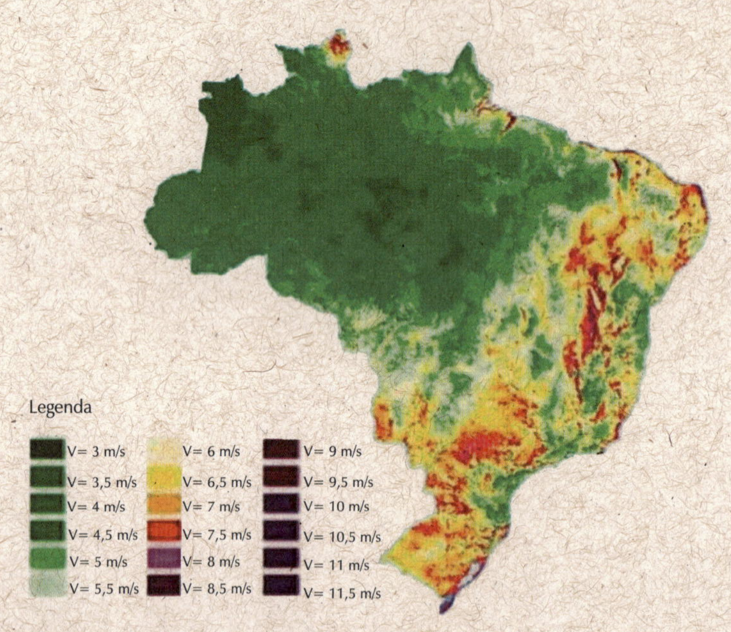

Figura 8 – Potencial eólico brasileiro a 100 m.
Fonte: Souza, Dutra & Melo (2008).

WindPower 2011, a Empresa de Pesquisa Energética (EPE, 2011) apresentou a Figura 8, com a indicação de que o potencial nacional seria superior a 300 GW.

Dada a grande importância da localização dos ventos e suas principais características, vários outros Estados brasileiros patrocinaram a elaboração de seus próprios atlas, utilizando o mesmo modelo do *Atlas* nacional. Como houve um espaçamento temporal na elaboração desses atlas estaduais, alguns Estados ainda têm dados apenas a 50 m, também carecendo atualizar seus inventários.

O site do Cepel (http://www.cresesb.cepel.br/publicacoes/index.php?task=livro&cid=1) agrega os inventários dos potenciais eólicos de nove Estados brasileiros: Alagoas, Bahia, Ceará, Espírito Santo, Minas Gerais, Paraná, Rio de Janeiro, Rio Grande do Norte e Rio Grande do Sul.

O *Atlas eólico do Rio Grande do Sul* elevou o potencial comercial do Estado de 15,8 GW, a 50 m, para 115,2 GW, a 100 m, tendo como referência um limiar de velocidade média de 7 m/s. Para o mesmo limiar de velocidade de vento e altura, o potencial eólico do Estado de Alagoas é de 650 MW. Já o Estado do Espírito Santo, adotando a mesma base, chegou a um potencial de 1,143 mil MW. Em Minas Gerais, o potencial eólico a 100 m chega a 40 GW. No Rio Grande do Norte, o potencial a 100 m é de 27 GW, no Paraná este número ficaria na faixa de 3,4 GW, e no Rio de Janeiro, em 922 MW. Somando-se apenas estes seis Estados que já apresentaram seus atlas a 100 m, chega-se a uma potência próxima de 190 GW (Pereira, Reis & Figueiredo, 2010). Os Estados da Bahia e do Ceará, com dados ainda a 70 m, apresentam como potenciais 20 GW e 14,46 GW, respectivamente. Com esses valores, o potencial do país já supera 220 GW, o que representa aproximadamente o dobro da atual capacidade instalada de todo o setor elétrico.

Outras iniciativas de quantificar o potencial eólico brasileiro foram implementadas pela Aneel, no *Atlas de energia elétrica do Brasil* (Aneel, 2002) e pelos projetos Swera (Solar and Wind Energy Resource Assessment) e Sonda (Sistema de Organização de Dados Ambientais), que disponibilizam dados de potencial eólico de alta confiabilidade integrados a uma ferramenta computacional capaz de cruzar diversas informações energéticas, fornecendo assim subsídios necessários para a tomada de decisões em vários níveis. No site do Cepel-Cresesb (http://www.cresesb.cepel.br/atlas_eolico/index.php), é possível encontrar, para dada coordenada geográfica, informações sobre a velocidade média sazonal, assim como os valores dos fatores "k" e "C". O banco de dados eólicos está disponível no site: http://sonda.ccst.inpe.br/.

Estudos recentes começam a avaliar o potencial impacto da mudança do clima global no recurso eólico. O *Relatório especial sobre energias renováveis* (IPCC, 2011) especula que pode haver alteração na distribuição geográfica e variabilidade inter ou intra-anual, e da qualidade do recurso eólico, além do potencial impacto que a prevalência de eventos extremos poderá ter nas condições operacionais dos parques eólicos. Para a Europa e os Estados Unidos, alguns estudos indicam que, ao longo deste século, as eventuais mudanças ficariam em uma faixa inferior a 25% de variabilidade da velocidade média. No Brasil, dois estudos – de Pes (2010) e de Lucena *et al.* (2009) – indicam a possibilidade de aumento do recurso eólico no Rio Grande do Sul e no litoral do Nordeste, respectivamente. O estudo de Lucena não chega a propor números, mas o de Pes estima que o potencial médio do Rio Grande do Sul pode aumentar em 10%, com variações sazonais que podem resultar em até 40% de acréscimo em algumas regiões e pequenas reduções em outras. Em última instância, esses estudos indicam que, se houver alterações, elas serão mais de aumento do recurso eólico, tornando esta fonte ainda mais viável para adaptação do sistema elétrico brasileiro às mudanças climáticas.

Atual estágio da tecnologia e tendências

Diferentes configurações de turbinas eólicas coexistiram durante algum tempo, destacando-se a possibilidade de variações quanto à orientação dos eixos das turbinas: verticais ou horizontais; ou à posição dos rotores: a jusante (*down wind*) ou a montante (*up wind*) das torres. A tendência predominante atual é de turbinas de eixo horizontal e com rotor a montante das torres. Ademais, a predominância é de turbinas com três pás. Essa configuração básica tende a produzir menos barulho, que seria maior no caso de turbinas *down wind* e com duas pás.

Os componentes básicos de tal configuração são: a torre; a nacele, que se constitui na carcaça montada sobre a torre, onde se situam a maior parte dos demais componentes do aerogerador: o gerador, as pás, o cubo (*hub*) e o eixo, e eventualmente a caixa de engrenagens ou multiplicador, que já não existe em alguns modelos. As três pás estão fixadas ao cubo e este, por sua vez, ao eixo que transfere potência ao gerador, diretamente ou por meio do multiplicador. Eixo, gerador, mecanismos de freio e de controle, e o eventual multiplicador ficam alojados dentro da nacele. A Figura 9 apresenta os componentes básicos de uma turbina de eixo horizontal, devendo se ressaltar o caso em que inexiste a figura do multiplicador.

O controle de velocidade do rotor também tem variações tecnológicas. Até os anos 1980, todos os motores tinham suas velocidades controladas por meio do chamado mecanismo de estol (*stall*), que se contrapõe ao que atualmente é mais utilizado: o controle de passo (*pitch*). Este permite à pá girar em torno de seu próprio eixo, fazendo reduzir a incidência do vento nela e, por consequência, a potência disponibilizada. Já no caso do sistema estol a pá não gira em torno de seu eixo, sendo desenhada de forma que, quando as velocidades do vento superam a velocidade nominal da máquina, o escoamento em torno do perfil da pá se descola da sua superfície, fazendo reduzir a potência final disponível. Um conceito intermediário adotado, o estol ativo, usa como base o sistema de controle de passo, mas também explora o conceito de estol, limitando a atividade do controle de passo (EWEA, 2009).

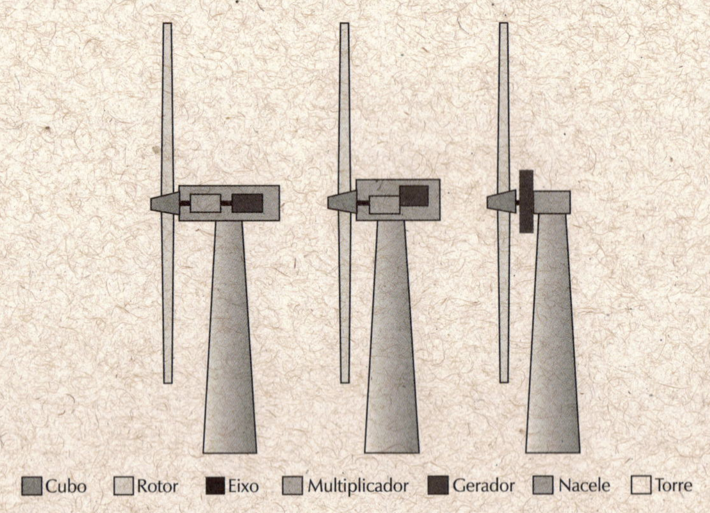

Figura 9 – Componentes de uma turbina de eixo horizontal.
Fonte: Dutra (s/d).

Também evoluíram as condições operacionais das turbinas, que deixaram de girar em uma ou duas velocidades angulares e hoje operam em velocidades variáveis. Neste caso, a conexão ao sistema elétrico se dá por meio de um conversor de frequência, composto de retificador e inversor. No primeiro caso, tinha-se como padrão o uso de motores assíncronos ou de indução, o que requeria a injeção de grandes volumes de energia reativa. No segundo caso, podem-se usar geradores síncronos, com uma tendência para o uso de geradores com ímã permanente ou assíncronos, seja com rotor bobinado ou duplamente alimentado. Em todos os casos, a busca tecnológica visa atender a exigência crescente dos operadores dos sistemas elétricos de permitir uma operação contínua das turbinas, mesmo durante regimes de faltas elétricas, além de serem elas capazes de produzir energia reativa (EWEA, 2009).

A forma de conexão do rotor ao gerador também tem sido objeto de grandes inovações, embora ainda não se tenha consolidado uma única vertente. A situação mais convencional é a do uso de multiplicadores de velocidade, que permitem acoplar o rotor – girando em uma faixa de algumas dezenas de rotações por minuto (rpm) – ao gerador –, que normalmente opera em uma faixa de 1.200 rpm a 1.800 rpm. Uma alternativa colocada no mercado é a do acoplamento direto rotor-gerador, fazendo uso de geradores multipolos de baixa velocidade e grandes dimensões. A Tabela 2 identifica algumas dessas opções tecnológicas feitas pelos principais fabricantes de turbinas.

Mas um grande campo de avanços tecnológicos tem sido, certamente, o tamanho das turbinas, que variaram de um patamar de 15 m, com uma potência resultante de 75 kW, nos anos 1980, para uma faixa de 100 kW a 127 kW hoje, com potências nominais na faixa de 3,0 MW a 7,5 MW. Em setembro de 2011, The WindPower (2011) registrava como maior turbina já disponível para aplicações *on-shore* a Enercon 127, com diâmetro de 127 m e potência de 7,5 MW. Em 2010, já começaram a operar comercialmente turbinas *off-shore* maiores que 125 m. Em curto prazo, espera-se a apresentação das turbinas de 10 MW, incluindo a Britannia, da Clipper Windpower (Dvorak, 2010), com um de rotor de 150 m de diâmetro, além das Sway e WindTec, com diâmetros de 145 m e 190 m, respectivamente, todas ainda em desenvolvimento (The WindPower, 2011). Em um prazo maior, a perspectiva é de se atingir até 250 m, com uma potência resultante de 20 MW. A Figura 10 procura representar visualmente tal avanço, enquanto a Tabela 2 apresenta os diâmetros de rotor usados pelos principais fabricantes líderes de mercado.

Como demonstrado na Fórmula (1), o aumento do tamanho dos rotores causa impacto, com o quadrado, na potência disponibilizada pela máquina e, ao exigir torres mais altas, possibilita acessar ventos de melhor qualidade, resultando em um significativo aumento da potência individual das máquinas. Entretanto o aumento do tamanho dos rotores para turbinas *on-shore* deverá ser limitado pelos aspectos logísticos de transporte e instalação de pás tão grandes. A tendência de crescimento desses rotores deve continuar, mas para aplicações *off-shore*.

Tabela 2 – Escolhas de projeto dos fabricantes líderes

		Distribuição (%)	Modelo	Acoplamento	Potência (kw)	Diâmetro	Velocidade de ponta (m/s)	Conversão de energia
1	Vestas	22,8	V90	Multiplicador	3.000	90	87	Assíncrono
2	GE Energy	16,6	2.5XL	Multiplicador	2.500	100	86	Conversor ímã permanente
3	Gamesa	15,4	G90	Multiplicador	2.000	90	90	Indução duplamente alimentada
4	Enercon	14,0	E82	Direto	2.000	82	84	Síncrono
5	Suzion	10,5	S88	Multiplicador	2.100	88	71	Assíncrono
6	Siemens	7,1	3.6 SWT	Multiplicador	3.600	107	73	Assíncrono
7	Acciona	4,4	AW-119/3000	Multiplicador	3.000	116	74.7	Indução duplamente alimentada
8	Goldwind	4,2	Repower 750	Multiplicador	750	48	58	Indução
9	Nordex	3,4	N100	Multiplicador	2.500	99.8	78	Indução duplamente alimentada
10	Sinovel	3,4	1500 (Windtec)	Multiplicador	1.500	70		

Fonte: EWEA (2009).

A tecnologia *off-shore* está ainda em um nível de maturação inferior ao das turbinas *on-shore*, com custos de investimento e operacionais mais elevados. Entretanto, esta é uma tendência que tem se configurado, sobretudo na Europa, para minimizar as pressões pelo uso da terra, ter menos preocupação com a questão do barulho e beneficiar-se com ventos mais intensos e mais constantes, além de possibilitar o uso de turbinas de maior dimensão, pois não há as restrições de transportes encontradas nas estradas. As potências das turbinas utilizadas no período 2007 a 2009 estavam em uma faixa de 2 MW a 5 MW, com parques atingindo uma potência agregada de 120 MW. A tendência é ser instalados em maior profundidade, tendo saído do patamar de 10 m para além do de 20 m e uma distância do litoral ainda abaixo de 20 km (IPCC, 2011). Alguns outros desafios se colocam em relação às turbinas *off-shore*, como fundações especiais e mitigação da ação corrosiva do ar no mar.

Com esses avanços, as modernas turbinas têm se aproximado do limite teórico de 59%, prescrito por Betz, na medida em que já atingem um coeficiente de desempenho em torno de 50%. Além disso, em mercados maduros, essas modernas turbinas podem alcançar uma disponibilidade de 97% (IPCC, 2011).

Ainda segundo o relatório do IPCC (2011), várias são as áreas de potencial desenvolvimento tecnológico que poderiam resultar em mudanças nos custos de investimento e de operação, no volume de energia a ser produzida, na confiabilidade de turbinas e de sistemas, no aproveitamento do recurso eólico e na integração ao sistema elétrico. Elas incluem: conceitos avançados de torres (torres mais altas em sítios de difícil localização; novos materiais e processos; fundações e estruturas avançadas); maiores rotores (materiais avançados; projeto aeroestrutural melhorado; controles passivos e ativos; maiores velocidades de ponta do rotor com menor acústica); redução de perdas e aumento da disponibilidade; trens de engrenagens avançados (entre outros avanços, menor número de estágios ou conexão direta dos geradores; geradores de baixa e média velocidades; geradores de ímã permanentes); e otimização dos processos produtivos.

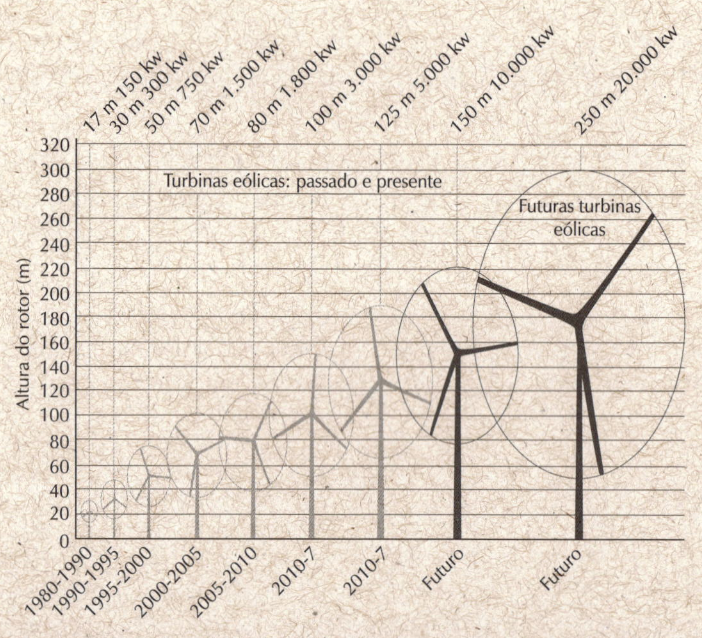

Figura 10 – Crescimento no tamanho das turbinas eólicas comerciais típicas.
Fonte: IPCC (2011).

Penetração da energia eólica na matriz elétrica mundial

O mercado de energia eólica tem crescido drasticamente, e de maneira sustentável, ao longo dos últimos anos, tendo saltado de uma capacidade instalada de 6,1 GW, em 1996, para 197,0 GW, ao final de 2010. Isso representa uma taxa de crescimento média anual de 28,2%. Devido à crise financeira global, a taxa de crescimento entre 2009 e 2010 foi inferior a essa média, sobretudo quando comparada com o crescimento do período anterior, que foi de 32%. De qualquer forma, ambos os números são expressivamente maiores que o crescimento médio anual de outras fontes renováveis convencionais, como a hidrelétrica e a geotérmica, com expansão na faixa de 3% a 4%, nos últimos anos. Ademais, segundo dados da Agência Internacional de Energia (IEA, 2010), o crescimento da produção de energia elétrica entre 2008 e 2009 foi de apenas 2,1%. Isso demonstra o grande espaço que a energia eólica vem ocupando na matriz elétrica mundial, com participação, em 2010, de 1,6% nessa matriz, e perspectiva de atingir 20% em 2050. A Figura 11 apresenta o perfil desse crescimento rápido e sustentável. Segundo dados do Global Wind Energy Council (GWEC, 2011), apenas a capacidade adicionada em 2010 já representou investimentos da ordem de 72 bilhões de dólares.

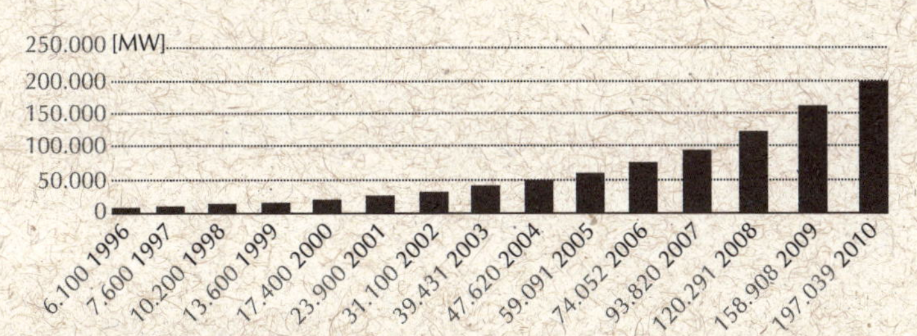

Figura 11 – Capacidade eólica instalada agregada global (1996-2010).
Fonte: GWEC (2011).

Quando se observa o crescimento, nos últimos 15 anos, nota-se que a cada ano têm se incorporado volumes maiores que no ano anterior, com uma única exceção para o ano de 2010, que, em função da crise financeira global, decresceu 1,4% em relação a 2009. Destaca-se nessa série o crescimento de 72,3% ocorrido entre as capacidades instaladas em 2000 e 2001 e, mais recentemente, de 32%, entre 2008 e 2009. A Figura 12 apresenta o aumento da capacidade instalada ano a ano, entre 1996 e 2010.

A crise financeira atingiu mais diretamente o mercado norte-americano que, em 2010, instalou quase 50% a menos do que havia instalado no período anterior. A Europa também reduziu o ritmo de crescimento, mas a China, em 2010, incorporou 18,9 GW, o que representou 50% da nova capacidade instalada nesse ano. Mesmo tendo caído de ritmo, os Estados Unidos acrescentaram 5,1 GW, sendo responsáveis por 13,4% da nova capacidade instalada em 2010. Juntos, China e Estados Unidos responderam por 63% da capacidade instalada em 2010. Em terceiro lugar, seguiu-se a Índia, com 2,1 GW. Assim, o crescimento da capacidade em países emergentes superou aquele dos países desenvolvidos, contribuindo inclusive para a formação de uma nova base industrial nesses países, particularmente China e Índia, que passaram a ser exportadores dessa tecnologia.

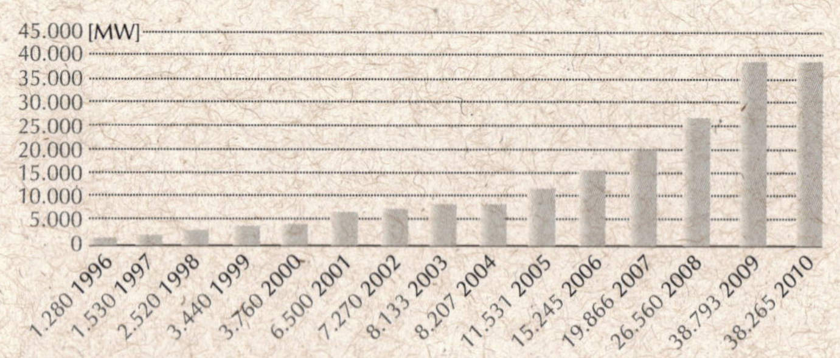

Figura 12 – Aumento anual da capacidade eólica instalada (1996-2010).
Fonte: GWEC (2011).

O caso chinês é mais emblemático, pois o país tornou-se o maior produtor mundial de equipamentos e componentes eólicos, atendendo não apenas o mercado doméstico, mas passando a competir no mercado internacional. Quatro empresas chinesas

(Sinovel, Goldwind, Dongfang Electric, United Power), listadas entre os dez maiores fabricantes de turbinas eólicas em 2010, detiveram 31,5% do mercado internacional, que ainda conta com um fabricante indiano, na sexta posição (Suzlon), que deteve 6,9% do mercado. A Sinovel tornou-se o segundo maior fabricante, atrás apenas da dinamarquesa Vestas, com 14,8% do mercado, e seguida pela americana GE Wind Energy. A Tabela 3 apresenta a lista dos dez maiores fabricantes mundiais de turbinas eólicas em 2010, seus países de origem, suas participações no mercado e suas capacidades instaladas, segundo dados de Bayar (2011), citando o relatório *International Wind Energy Development. World Market Update 2010*, produzido anualmente pela BTM Consult ApS.

Segundo dados do GWEC (2011), hoje existem 17 empresas que produzem equipamentos de energia eólica na Índia, com capacidade de produção de 7,5 GW/ano. O mercado da América Latina também começa a emergir, principalmente no Brasil e no México, tendo superado a marca de 2 mil MW instalados na região.

Ao se analisar a soma das potências instaladas de todas as fontes produtoras de energia elétrica no período 2000-2009, nos Estados Unidos e na Europa, a energia eólica ficou na segunda posição, atrás apenas do gás natural. Ela respondeu por 10% da capacidade instalada nos Estados Unidos e por 33% na Europa. Considerando apenas o ano de 2009, a energia eólica respondeu por 39% da capacidade instalada nos Estados Unidos e o mesmo número na Europa. Este número cai para 16% na China, mas já sendo bastante representativo, enquanto em nível global ele estaria em torno de 20% (IPCC, 2011).

No que diz respeito ao nível de penetração da energia eólica nas matrizes elétricas nacionais, o destaque fica com a Dinamarca, onde 22% de sua eletricidade em 2010 veio da fonte eólica, seguida por Portugal e Espanha, com 17% e 16%

respectivamente, Irlanda, com 11%, e Alemanha, com 7%. Nesses mesmos países, a relação entre a capacidade eólica instalada e a demanda mínima variou de 204% – na Dinamarca, 110% em Portugal e Espanha – a 76%, na Alemanha (Holttinen, 2011). A situação da Dinamarca é particularmente confortável, por se achar conectada a dois sistemas extremamente fortes, o alemão, eminentemente térmico, que contribui para uma frequência estável, e o nórdico (Suécia e Noruega), com grande disponibilidade da componente hidrelétrica, contribuindo no balanço energético (Holttinen, 2011).

Tabela 3 – Dez maiores fabricantes de turbinas eólicas em 2010

Empresa	País	Capacidade instalada (MW)	Percentual do mercado (%)
Vestas	Dinamarca	5.842	14,8
Sinovel	China	4.386	11,1
GE Energy	Estados Unidos	3.796	9,6
Goldwind	China	3.740	9,5
Enercon	Alemanha	2.846	7,2
Suzlon	Índia	2.763	6,9
Dongfang Electric	China	2.624	6,7
Gamesa	Espanha	2.587	6,6
Siemens Wind	Dinamarca/ Alemanha	2.325	5,9
United Power	China	1.600	4,2

Fonte: Bayar (2011).

O segmento de *off-shore* expandiu sua capacidade em 1,444 mil MW em 2010. Nove projetos novos foram instalados, passando a totalizar a capacidade instalada de mais de 3,5 GW, acréscimo de 60% em relação à capacidade instalada de 2,1 GW no final de 2009, tendo sido concluído o primeiro parque comercial fora da Europa, na China.

As previsões para o futuro da energia eólica são muito variáveis, mas, no curto prazo, o GWEC (2011) estima que a capacidade instalada acumulada vai crescer em uma média anual de 18%, até 2015, quando atingirá quase 450 GW, caindo, no final do período, para uma faixa de 15%, enquanto a taxa de crescimento da capacidade anual oscilará de quase 16% em 2011, para um patamar de 9% no final do período. Esse crescimento anual mais baixo por volta do final do período seria resultado do desaquecimento observado no ritmo de contratação entre 2010 e 2011, por conta da crise financeira. Apesar da taxa de crescimento da capacidade ter sido negativa em 2010, a expectativa para 2011 é de que seja alta, da ordem de 16%, como mencionado. A Figura 13 apresenta essas estimativas ano a ano, para o período 2011-2015.

O relatório *The Global Wind Energy Outlook 2010* (Greenpeace & GWEC, 2010) trabalha com três cenários distintos, e o cenário de referência, o mais conservador, é uma adaptação do *World Energy Outlook 2009*, produzido pela Agência Internacional de Energia (IEA, 2009b). Para esse cenário, iria atingir-se, no final de 2010, uma capacidade instalada de 185 GW, aumentando para 295 GW em 2015, e 572 GW em 2030. Note-se que tal cenário se mostrou muito conservador, pois, ao final de 2010, já se atingira o volume de 197 GW e, com os números para o curto prazo, apresentados na Figura 13, baseados em negociações já em curso, em 2012 se atingiria 289 GW. Assim, suas estimativas perdem expressividade no horizonte do curto prazo.

O cenário moderado – que trabalha com a perspectiva de implementação das políticas de incentivos já aprovadas ou planejadas, e com o cumprimento das metas para renováveis ou redução de emissões – eleva o patamar da eólica, em 2015, para 460 MW; em 2020, para 832 GW; e 1777 GW em 2030. Já o cenário avançado é extremamente ambicioso, pois trabalha com a premissa de que a "indústria poderia crescer numa visão da energia eólica sob o melhor caso" (Greenpeace & GWEC, 2010, p. 6), e assim chegaria, em 2020, com 1,071 mil GW e, em 2030 com 2,342 mil GW. Certamente um cenário improvável de se realizar, sobretudo em função da possibilidade de extensão da crise financeira global.

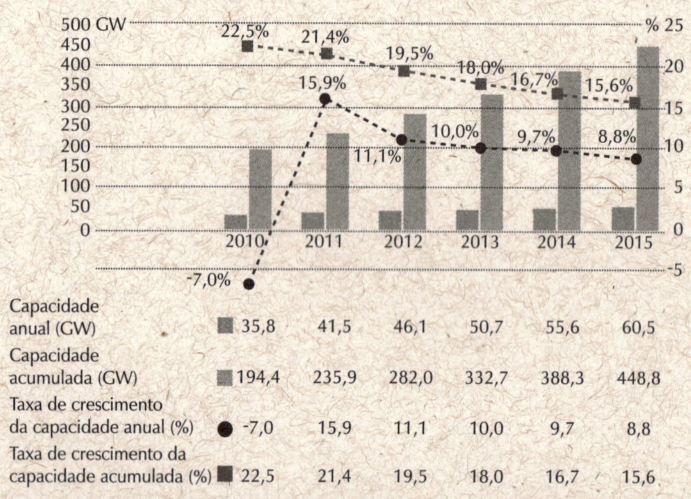

	2010	2011	2012	2013	2014	2015
Capacidade anual (GW)	35,8	41,5	46,1	50,7	55,6	60,5
Capacidade acumulada (GW)	194,4	235,9	282,0	332,7	388,3	448,8
Taxa de crescimento da capacidade anual (%)	-7,0	15,9	11,1	10,0	9,7	8,8
Taxa de crescimento da capacidade acumulada (%)	22,5	21,4	19,5	18,0	16,7	15,6

Figura 13 – Previsão de Mercado 2011-2015.
Fonte: GWEC (2011).

Deve-se ressaltar que o cenário de referência parte de um crescimento anual da capacidade instalada de 17%, diminuindo para um patamar de 3% ao ano, no qual se estabilizaria. Já no cenário moderado, a taxa seria de 26% em 2010, o que ainda é menor que o observado, e cairia para um patamar de 9% em 2020, chegando a 4% em 2030, valores similares ao do cenário avançado, que finalizaria o período com uma taxa de 5%. No primeiro caso, a eólica chegaria em 2030 com uma penetração de 5%, no cenário moderado ficaria em 15% e no mais otimista se aproximaria de 19%. O preço do kW instalado variaria de

€ 1,216/kW a € 1,093/kW nos cenários mais conservador e mais otimista, respectivamente. O investimento anual ficaria em uma faixa de € 50 a € 200 bilhões e o volume de empregos entre 810 mil a 3 milhões por ano. Já as reduções de emissões de dióxido de carbono, tendo como base o ano de 2003, ficariam entre 13 e 34 bilhões de toneladas (Greenpeace & GWEC, 2010).

Em muitos mercados, a energia eólica ainda é mais cara que outras formas mais convencionais, particularmente se não são internalizados seus benefícios. Ainda assim, em vários países desenvolvidos, persistem e têm sido expandidas – para países emergentes e em desenvolvimento – políticas que incentivam sua expansão. Segundo dados da IEA-OECD (2010), o custo anualizado da energia elétrica produzida com base na energia eólica ficaria na faixa de US$ 97,00 a US$ 137,00/MWh, enquanto o das outras fontes ficaria sempre em faixas inferiores ao limite mais baixo da eólica: nuclear (US$ 59,00/MWh-US$ 99,00/MWh); gás natural (US$ 86,00/MWh-US$ 92,00/MWh); e carvão (US$ 65,00/MWh-US$ 80,00/MWh), para o conjunto dos países da OECD. Ao ser regionalmente analisada, com taxas de desconto de 5% e 10%, a energia eólica torna-se mais barata que o carvão e o gás natural – na América do Norte, para uma taxa de desconto de 5%, e mais barata que o gás na Ásia. Na Europa, todavia, ainda é a fonte com maior custo. Já ao se considerar uma taxa de 10%, a opção eólica é sempre a mais cara. A Figura 14 resume tais achados.

Segundo o relatório REN21 (2011), existem metas nacionais em 96 países, que geralmente estabelecem um percentual da produção de energia elétrica de fonte renovável ou da energia primária total ou, ainda, uma capacidade instalada preestabelecida para certas tecnologias. A Europa, por exemplo, como meta, em 2020, prevê ter 20% de sua energia proveniente de fontes renováveis.

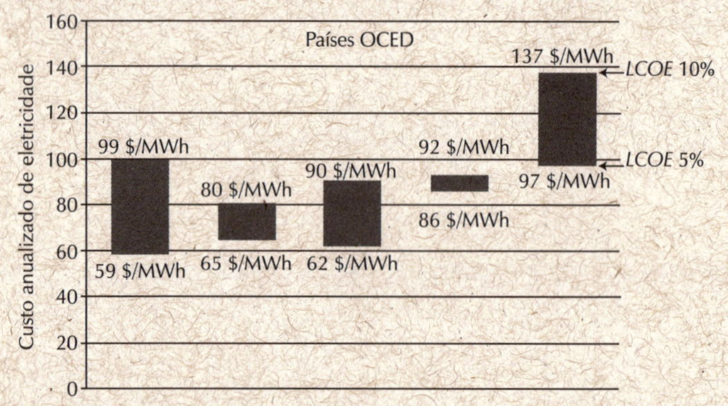

Figura 14 – Custo anualizado da energia elétrica, em US$/MWh.
Fonte: IEA & OECD (2010).

Entre os instrumentos adotados, o mais popular é a tarifa-prêmio (FiT, *feed-in tariff*), implantada em 61 países. O regime de quotas (RPS, *renewable portfolio standard*), ainda segundo o REN21, é adotado por dez países e 50 outras juridições, incluindo Estados e províncias. O Brasil e outros países da América Latina têm demonstrado sucesso com o sistema de leilões reversos, específicos para energia eólica e outras fontes renováveis. Em geral essas políticas-chave são acopladas a outros benefícios, como a obrigatoriedade – de despacho, de acesso prioritário, de investimento em infraestrutura elétrica – e condições facilitadas de financiamento. Em contrapartida, duas palavras têm sido citadas como a chave para o sucesso dessas políticas: transparência e previsibilidade, com horizontes de aplicação bem definidos.

A energia eólica no Brasil

O Brasil tem vivenciado uma explosão do interesse pela energia eólica, tendo saltado de apenas alguns projetos demonstrativos, que não somavam 30 MW em 2005, para uma capacidade instalada superior a 1 mil MW em meados de 2011, e com a perspectiva de superar a marca dos 7 GW em 2014, em função do que já foi negociado nos leilões que ocorreram entre 2009 e 2011.

No período 2005-2014, caso se concretizem todos os projetos contratados, o país, apresenta – e talvez continue apresentando – uma taxa de crescimento de 73,3% ao ano, obviamente realizando-se em grandes saltos, que só a partir de 2009 se abrandaram, com os leilões regulares anuais. Entretanto, o ponto de partida foi efetivamente o marco legal estabelecido pela Lei nº 10.438, de 2002, que instituiu o Programa de Incentivo às Fontes Alternativas (Proinfa).

Primórdios da regulação nacional que propiciou a geração com fonte eólica

No arcabouço vigente do setor elétrico brasileiro, os primeiros diplomas legais que se aplicam à geração eólica estão contidos na Lei nº 9.074/1995, que criou as figuras do Produtor Independente de Energia e do Consumidor Livre, e no Decreto nº 2.003/1996, que regulamentou a Lei, ainda que sem se referir especificamente à produção de energia com base na fonte eólica ou fixar qualquer restrição a ela.

Foi com a Resolução Aneel nº 112/1999, que estabeleceu "os requisitos necessários à obtenção de Registro ou Autorização para a implantação, ampliação ou repotenciação de centrais geradoras termelétricas, eólicas e de outras fontes alternativas de energia", que surge na regulação brasileira a primeira referência específica à geração com essa fonte.

Nessa resolução está previsto que o agente produtor (pessoa física, jurídica ou consórcio) tanto pode gerar energia para comercialização de forma independente, quanto para uso próprio. Em 2008, a Resolução Aneel nº 345 determinou que, quando a central pertencesse a agente autorizado, deveria se submeter aos requisitos de planejamento, implantação, conexão e responsabilidades previstos nos Procedimentos de Rede e/ou nos Procedimentos de Distribuição quanto ao acesso aos sistemas de transmissão e distribuição.

Ainda em 1999, a Resolução Aneel nº 233 estabeleceu os Valores Normativos, ou seja, os valores-teto de repasse dos custos de geração de energia para as tarifas de fornecimento para diversas fontes de geração, incluindo a eólica, tendo em vista permitir a competitividade de compra e venda de energia também pelas fontes não convencionais. Essa Resolução foi, todavia, revogada em 1º de fevereiro de 2001 pela Resolução Aneel nº 022, sem se ter observado a realização de qualquer projeto eólico. Os valores normativos tinham sido claramente muito baixos. Ainda em 2001, por meio de Resolução da Câmara de Gestão da Crise de Energia Elétrica, foi criado o Programa Emergencial de Energia Eólica (Proeólica), estando, entre seus objetivos, o viabilizar da implantação de 1,05 mil MW, sem, contudo, redundar em resultados concretos.

Foi somente em 2002, com a Lei nº 10.438/2002 (modificada pelas leis nº 10.762/2003 e nº 11.075/2004), que se instituiu o primeiro incentivo à geração de energia com fonte eólica, pela criação do Programa de Incentivo às Fontes Alternativas de Energia Elétrica (Proinfa), em seu artigo 3º. O objetivo era aumentar a participação, no Sistema Elétrico Interligado Nacional (SIN), da energia elétrica produzida com esta fonte e mais PCH e biomassa, por meio de projetos de Produtores Independentes Autônomos (PIA),[3] admitindo-se contratos com Produtores

[3] Produtor Independente Autônomo é definido como "sociedade, não sendo ela própria concessionária de qualquer espécie, não é controlada ou coligada de concessionária de serviço público ou de uso do bem público de geração, transmissão ou distribuição de energia elétrica, nem de seus controladores ou de outra sociedade controlada ou coligada com o controlador comum" (Redação dada pela Lei 10.762/2003).

Independentes, desde que não ultrapassem 25% da capacidade contratada anual. O Proinfa é considerado o grande marco regulatório, no sentido de incentivar e diversificar o uso de outras fontes renováveis de energia na matriz energética brasileira, a partir da inserção de projetos de geração eólica, hídrica (PCHs) e de biomassa no sistema interligado nacional.

Regulamentada pelo Decreto nº 4.541/2002 (modificado pelo Decreto nº 5.025/2004), a Lei do Proinfa previa a implantação do programa em duas etapas. Na primeira, deveriam ser contratados projetos com até 3,3 mil MW de potência instalada até 2006, divididos igualmente entre as três fontes incentivadas: 1,1 mil MW de eólica, 1,1 mil MW de PCHs e 1,1 mil MW de biomassa. Posteriormente, esse prazo foi estendido para 2008, e, subsequentemente, prorrogado para 2010 (Lei nº 11.943, de 28 de maio de 2009).

Para a segunda fase, o Proinfa 2, ficou estabelecido que, uma vez atingida a meta da primeira etapa, o desenvolvimento do programa seria realizado de modo que a geração de energia com essas fontes viesse a atender a 10% do consumo de energia elétrica no país, meta a ser alcançada no prazo de vinte anos, por meio de uma programação anual de compra, para que estas fontes atendessem o mínimo de 15% do incremento anual da energia elétrica a ser fornecida ao mercado nacional. A segunda etapa, entretanto, foi definitivamente congelada pelo governo. Uma análise detalhada do Proinfa é feita por Dutra (2006), em sua tese de doutorado.

Proinfa

Seguindo o que estava estabelecido na lei que o criou, o Proinfa deveria adotar sistemáticas distintas nas duas fases. Na 1ª fase, a seleção e habilitação dos projetos atendeu os seguintes procedimentos e condições:

- contratos de vinte anos celebrados com a Eletrobras;
- energia adquirida por um preço-prêmio corrigido mensalmente pelo IGP-M, predefinido pelo poder executivo, nos moldes do conceito de *feed-in tariff*, adotado em dezenas de países;
- usinas consideradas geração de base, com prioridade de despacho;
- contratação dos projetos feita por meio de chamada pública, tendo por critério de prioridade a data da licença ambiental de instalação (LI) mais antiga;
- imposição de um índice de 60% (em valor) de nacionalização dos equipamentos e serviços utilizados no empreendimento;
- custos adicionais de geração para cobrir o preço-prêmio rateados por todos os consumidores do sistema interligado, excluindo-se os consumidores de baixa renda com consumo igual ou inferior a 80 kWh/mês;
- contratação de projetos por Estado da federação limitada a 20% da potência total proveniente de projetos de energia eólica, na primeira chamada;
- disponibilidade de financiamento do projeto em até 80% pelo BNDES, com prazo de amortização de até doze anos.

O preço estabelecido na época do leilão para a energia eólica ficou em uma faixa entre R$ 180,00/MWh e R$ 205,00/MWh. Para a definição de uma faixa de preços, a premissa foi permitir que sítios com menores fatores de capacidade pudessem também competir, recebendo, para tanto, preço maior. O critério de pulverização dos projetos carregava certa ambiguidade, tendo sido considerado por alguns analistas, na época, um incentivo à ineficiência. Na decisão final, entretanto, prevaleceu a ideia de se estimular a diversidade de locais e situações. No mesmo leilão, o valor estabelecido para a biomassa de bagaço de cana foi de R$ 94,00.

Corrigido pelo IGP-M para valores correntes em agosto de 2011, o preço médio pago atualmente para a energia eólica é de R$ 301,00/MWh. Quando do leilão do Proinfa, o valor médio da energia eólica, em dólares, ficou em torno de 6,5 centavos de dólar por kWh. Atualmente, em função da correção e da grande valorização do real, paga-se algo em torno de 19 centavos de dólar por kWh aos projetos negociados naquela época.

Para a 2ª fase, jamais implementada, embora fossem mantidas algumas condições estabelecidas na primeira fase, a sistemática a ser adotada sofreria as seguintes alterações nos procedimentos:

- elevação do índice de nacionalização dos equipamentos e serviços utilizados no empreendimento para 90% (em valor);
- energia adquirida por valor correspondente ao preço de geração de energia competitiva, calculado pelo custo médio ponderado de geração de novos empreendimentos hidrelétricos com potência superior a 30 MW e centrais termelétricas a gás natural, preço esse calculado pelo poder executivo, adicionado de crédito complementar, calculado pela diferença entre o preço fixado da energia competitiva e o valor pago pela Eletrobras para cada tecnologia, conforme previsto na etapa 1;
- programação anual de compra de energia de modo que as distintas fontes beneficiárias do programa viessem atender um mínimo de 15% do incremento anual do mercado de energia;
- os montantes de energia contratada deveriam ser distribuídos igualmente entre as três fontes, permitindo-se que, após cinco anos de implantação da segunda etapa do programa, o saldo de capacidade não contratada

fosse, por falta de ofertantes de qualquer uma delas, transferido para outras fontes.

O modelo adotado para a implantação do Proinfa constituiu-se em um híbrido dos principais mecanismos adotados para incentivar as fontes renováveis, pois havia um importante componente de um sistema de *feed-in tariff*, na medida em que foi definida uma tarifa prêmio, superior ao preço da energia no mercado competitivo. Entretanto, diferentemente da prática internacional de um longo período para incorporação dos produtores de energia, toda a aquisição da quota de 1,1 mil MW, prevista em lei, deu-se em um único dia, a despeito da forte concorrência. Tal como definido, também em lei, para critério de desempate foi usada a data das licenças ambientais, dando prioridade às mais antigas, critério certamente inusitado, que gerou controvérsias sobre a possibilidade de licenças terem sido outorgadas com datas anteriores. O processo, portanto, já embutia o conceito de um leilão competitivo, ainda que não baseado em preço.

Para a segunda fase, tinha-se uma meta de longo prazo e uma quota de aquisição – atingir 10% do mercado de energia elétrica com as três fontes e adquirir 15% do incremento anual do consumo de energia elétrica. Baseando-se no aumento de consumo verificado, pode-se estimar que seria necessária a aquisição de algo entre 300 MW e 400 MW por ano, para cada fonte, para fazer cumprir o preceito legal. Mas, com a introdução em 2004 do novo modelo do setor elétrico, essa etapa foi definitivamente congelada.

Resultados

Para concorrer na primeira fase, que aconteceu em junho de 2004, habilitaram-se mais de três vezes a capacidade instalada que seria permitida comprar no segmento eólico. Já a biomassa não atingiu sequer o volume inicialmente previsto, sendo a quota não preenchida transferida posteriormente, em sua maior parte, para a energia eólica. Ao final do processo, concluídas as chamadas subsequentes para preenchimento do que não fora conseguido nas anteriores, a energia eólica atingiu um volume contratado de 1.422,92 MW, 29% a mais que a meta fixada para esta fonte.

As causas de atraso na implementação dos projetos de energia eólica foram várias. Logo de início, a necessidade de realização de mais de uma chamada pública – para o remanejamento do remanescente da quota não preenchida dos projetos de biomassa – contribuiu para a extensão do cronograma. Essa circunstância fez com que muitos contratos só fossem finalizados em 2005, o que, entre outros motivos, descritos a seguir, impossibilitou cumprir a previsão do prazo de entrada em operação dos empreendimentos para 2006, postergados para 2008 e, posteriormente para 2011.

Além disso houve dificuldades de obtenção de licenciamento ambiental, de financiamento e de fornecedores de equipamentos em tempo hábil, o que ocasionou o atraso na implantação dos projetos, e afetou, sobremaneira, os projetos eólicos.

Mas a exigência de um índice de nacionalização de 60% dos equipamentos é o fator apontado como principal responsável pelo atraso de implantação dos parques eólicos, uma vez que existiam apenas dois fabricantes nacionais nessa área (Wobben e Impsa, na época com capacidade anual de produção conjunta inferior a 700 MW/ano) – e a indefinição quanto ao prosseguimento da segunda fase do Proinfa não estimulava a entrada de novos fabricantes no país, pois não estavam sinalizadas novas compras em um futuro próximo, o que causava um ciclo vicioso: sem mercado futuro, não se atraíam novos fabricantes, o que por sua vez dificultava atingir o limite de 60% de nacionalização, ainda que já se observasse uma sobreoferta de equipamentos no mundo.

Para contornar esse entrave à implementação dos projetos eólicos, foi necessário um entendimento entre o Ministério da Fazenda e o Ministério do Desenvolvimento, Indústria e Comércio (MDIC), a fim de flexibilizar o entendimento do que seriam 60% de nacionalização e permitir a isenção do Imposto de Importação, o que propiciou a compra de alguns equipamentos importados.

Também a questão fundiária acarretou problemas para a implantação dos projetos eólicos, pois estes dependem de processos de Declaração de Utilidade Pública, uma atribuição da Aneel, que poderiam ser simplificados. Finalmente, outro fator de entrave foi a conexão às redes, por necessidade de reforço ou construção de novas linhas de transmissão.

Quando da primeira chamada em junho de 2004, o setor elétrico já estava em transição para o chamado Novo Modelo, onde se passou a adquirir a energia em leilões competitivos, e que resultou na postergação da entrada de novos projetos de energia eólica por cinco anos. O país ficou sem um programa de governo, com metas e preço atrativos, e uma regulação que considerasse os aspectos específicos da tecnologia, a exemplo do que vinha ocorrendo em países que já vinham experimentando significativa expansão da fonte eólica em sua matriz energética. A situação só veio a ser contornada com o leilão específico para eólica que veio a acontecer em 2009, mais adiante detalhado.

Em função de todos esses entraves, a implementação da componente eólica se deu de forma lenta. No final de 2010, mais de seis anos após a aquisição, apenas 926 MW estavam em operação. Os leilões de 2009 e 2010 certamente contribuíram para acelerar o processo, pois se consolidava o mercado futuro. Em meados de 2011, alguns projetos ainda estavam em construção, entre eles o projeto de Quintanilha Machado, no Rio de Janeiro, com 135 MW, que, por uma série de problemas, nunca deslanchou. Projetos aconteceram em sete outros Estados: Piauí, Ceará, Rio Grande do Norte, Paraíba, Pernambuco, Santa Catarina e Rio Grande do Sul, o que mostrou ser correta a estratégia de pulverização entre os Estados. Espera-se que, até o final de 2011, todos os projetos já estejam em operação. O compartilhamento do mercado do Proinfa entre os fabricantes ficou conforme apresentado na Figura 15, o que demonstra que, ao final, já se conseguira um nível de diversificação de fornecedores, indo além dos dois únicos com unidades fabris no país.

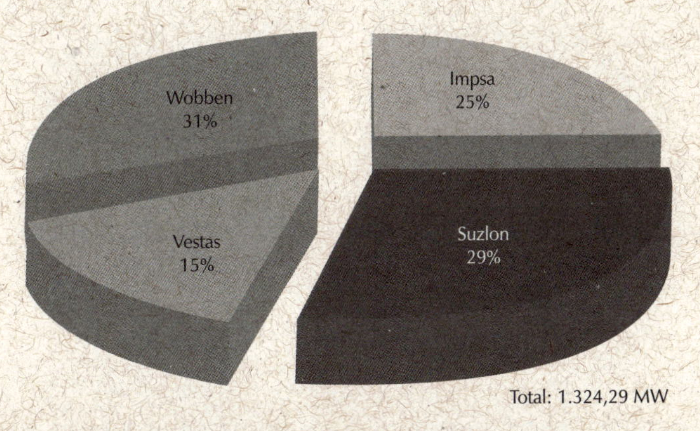

Figura 15 – Compartilhamento do mercado dos projetos Proinfa.
Fonte: Elaboração do autor com base em dados da ABEEólica, 2011.

A compra de energia: os leilões, a comercialização livre e a geração distribuída

Em decorrência do novo modelo do setor elétrico reformulado pela Lei nº 10.848/2004 e Decreto nº 5.163/2004, foram estabelecidas novas regras para a comercialização de energia elétrica e a outorga de concessões e autorizações. Ficou decidido que, na expansão do parque gerador e dos sistemas de transmissão associados, agentes privados e públicos de distribuição deveriam estabelecer os quantitativos de energia elétrica a serem contratados, em *pool*, por meio de leilões. Assim, o sistema de contratação de novos empreendimentos de geração de energia elétrica passou a ser realizado por meio de leilões de energia – leilões reversos – em que os vencedores são aqueles que oferecem a energia elétrica a menor peço.

Por esses dispositivos legais, ficou determinado que a venda de energia entre agentes e destes para os consumidores se daria em dois ambientes de contratação:

- regulado (ACR), por meio de leilões, com editais elaborados pela Aneel, observando as diretrizes e os preços-teto fixados pelo MME, por meio de duas modalidades: pela quantidade de energia (para os projetos hidrelétricos) ou pela disponibilidade de energia (para os projetos termelétricos, nos quais se incluem as usinas eólicas e as de biomassa);
- livre (ACL), por meio de contratos bilaterais entre agentes e consumidor ou consumidores, cuja carga seja maior ou igual a 3 MW, em condições normais, ou de 500 kW, para o caso de fornecedores de energia a partir das fontes incentivadas. A Figura 16 mostra, de forma esquemática, como passou a funcionar o mercado de energia elétrica no país.

Posteriormente se decidiu, por meio do Decreto nº 6.048/2007, incluir na nova sistemática de contratação de energia as fontes alternativas. Na formulação inicial, definida em 2004, as fontes alternativas renováveis que participaram do Proinfa (PCH, Biomassa e Eólica) deveriam competir com as demais fontes no mesmo certame pela menor tarifa, situação que se mostrou inviável no primeiro momento e veio a gerar, com o Decreto de 2007, a figura dos chamados leilões específicos, voltados para fontes alternativas de energia. Assim, excepcionalmente, para garantir o atendimento de 100% da demanda dos agentes de distribuição, a Aneel poderia realizar direta ou indiretamente leilões de compra de energia de fontes alternativas, independentemente da data de outorga, critério que não se aplica a outras fontes.

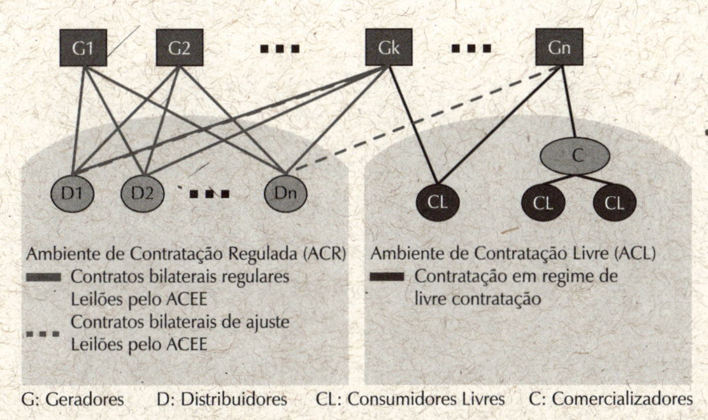

Figura 16 – Ambiente de contratação de geração elétrica no modelo vigente do setor elétrico brasileiro.

Fonte: Brasil (2003).

O Decreto nº 5.163/2004 regulamentou a possibilidade de contratação de energia proveniente de geração distribuída pelas concessionárias de distribuição, no âmbito do ACR. As compras podem ser feitas diretamente com usinas ligadas ao grupo controlador da própria distribuidora ou por meio de chamada pública, realizada pelo próprio agente distribuidor, para os empreendimentos de terceiros. O montante contratado não pode exceder a 10% de sua carga, de acordo com os procedimentos previstos na Resolução Aneel nº 167/2005. Os contratos são corrigidos pelo Índice de Preços ao Consumidor Amplo (IPCA) e o repasse do custo de energia ao consumidor não pode exceder o Valor de Referência (VR).

Também podem adquirir energia de geração distribuída os agentes de distribuição que tenham mercado próprio inferior a 500 GWh/ano, obedecidas as mesmas restrições anteriormente assinaladas.

Ao final de 2006, com a Resolução Aneel nº 247, foi regulamentada a venda de geração incentivada, beneficiando, entre outros, os empreendimentos a partir de fonte eólica com potência injetada nos sistemas de transmissão ou distribuição até 30 MW. Por esta resolução foram instituídas as figuras do Consumidor Especial e do Agente Gerador Incentivado.

O Consumidor Especial é definido como o responsável por Unidade Consumidora – UC ou conjunto de UCs do grupo A (média ou alta tensão), integrantes do mesmo submercado no SIN, reunidas por comunhão de interesses de fato (em áreas contíguas) ou de direito (em áreas não contíguas, mas com o mesmo CNPJ), cuja demanda seja maior ou igual a 500 kW. Quando se tratar de conjunto de unidades consumidoras, estas devem ter conexão no mesmo submercado e sistemas de medição para faturamento (SMF) individuais. Consumidores livres também podem comprar energia de fontes incentivadas.

O Agente Gerador Incentivado é definido como o titular de concessão, permissão ou autorização do Poder Concedente para gerar ou comercializar energia elétrica proveniente das fontes assinaladas – Geradores (PIE), Autoprodutores e Comercializadores.

O acesso da unidade consumidora ou conjunto de consumidores aos sistemas de transmissão e distribuição é garantido por meio do pagamento dos encargos de uso e conexão e, caso sejam necessários investimentos no sistema elétrico, será requerida a participação financeira do consumidor. Também o consumidor deverá instalar sistema de medição de faturamento, obedecendo às especificações e procedimentos cabíveis.

O Ambiente de Contratação Regulada tem sido o ambiente utilizado pelos empreendedores de projetos de energia elétrica de origem eólica, enquanto o Ambiente de Contratação Livre é o novo desafio para a energia eólica. Nos dois ambientes está regulamentada, portanto, a possibilidade de contratação de geração distribuída, o que representa enorme avanço no incentivo à geração de fontes renováveis como a eólica, mas diversos entraves dificultam esta operacionalização.

Estruturação do processo de leilões de energia no Ambiente de Contratação Regulada (ACR)

De acordo com a Lei nº 10.848/2004, dois tipos de contrato podem ser celebrados no ACR, os denominados Contratos de Comercialização de Energia Elétrica no Ambiente Regulado (CCEAR): por quantidade ou por disponibilidade de energia.

Nos leilões de energia nova até então realizados, as usinas hidrelétricas foram contatadas por quantidade de energia elétrica por trinta anos, e as usinas termelétricas por disponibilidade de energia elétrica por até vinte anos. Cada gerador ofertante celebra contrato com todas as concessionárias de distribuição de energia participante do leilão, e os lotes vendidos, em MW médio, são distribuídos de acordo com a demanda de cada agente distribuidor.

Nos contratos por quantidade de energia, os agentes produtores assumem os custos dos riscos hidrológicos, ou seja, o gerador é responsável pela entrega de energia a um preço predeterminado. Assim, caso não consiga produzir o montante contratado, deve comprar a diferença no mercado livre, pagando o preço desse mercado. Existe, entretanto, uma espécie de *hedge*, chamado Mecanismo de Realocação de Energia, que permite um grau razoável de garantia para tais contratos. Os contratos por disponibilidade devem prever os custos de transmissão até o ponto de entrega da energia, que tem como referência o centro de gravidade do submercado no qual o projeto está localizado.

No contrato por disponibilidade, que vinha, inicialmente, sendo usado apenas na comercialização de energia nova de projetos termoelétricos – em que o custo variável de produção e incerteza sobre o despacho são elevados –, os riscos são assumidos pelo comprador. Nesta modalidade o gerador (ofertante) recebe uma renda anual fixa que é paga pelos distribuidores (contratante). Caso precisem ser despachados pelo Operador Nacional do Sistema (ONS), os custos variáveis da geração, informados quando da habilitação do projeto no leilão, serão pagos também pelo distribuidor, que responde ainda pelas transações na Câmara de Comercialização de Energia Elétrica (CCEE). É importante observar que o gerador responde pela compra do combustível, assumindo os riscos associados a seu fornecimento.

Ambas as modalidades de contrato são reajustadas pelo Índice Nacional de Preços ao Consumidor Amplo (IPCA), à exceção da parcela de combustíveis de termelétricas que utilizam derivados de petróleo, gás natural e carvão mineral importado, que sofre reajuste anual.

As informações sobre as garantias físicas dos projetos leiloados revelam o total de energia adicional que poderá ser ofertado, enquanto os lotes negociados mostram o quanto da demanda cativa das distribuidoras será atendido. A diferença entre garantia e lote é chamada de energia excedente, que é negociada no Ambiente de Contratação Livre (ACL) ou nos leilões de ajustes (A-1) que são realizados anualmente, se necessários.

Há duas modalidades de leilão para a contratação de energia: para o suprimento do consumo no mercado regulado; e para a formação de lastro de reserva, mediante leilões específicos.

Os leilões para o suprimento do mercado regulado, chamados leilões de energia nova, têm sua demanda definida com base nas necessidades declaradas das distribuidoras e podem ser do tipo A-5, que envolve projetos de maior prazo de construção, como hidrelétricas e termelétricas de maior porte, e são realizados cinco anos antes da entrega da energia; ou do tipo A-3, do qual podem participar projetos com prazo de construção inferior a três anos, a exemplos de PCH, eólicas e térmicas, exceto carvão, onde se pode ajustar a demanda dois anos após as compras realizadas nos leilões A-5. Existe ainda o leilão A-1 de ajuste, anteriormente referido, que é realizado para cobrir diferenças entre oferta e demanda dos leilões A-3 e A-5.

A realização de leilões para contratação de Energia de Reserva, conforme previsto nos artigos 3 e 3A da Lei nº 10.848/2004, alterada pela Lei nº 11.488/2007, está regulamentada pelos decretos nº 5.177/2004, nº 6.233/2008 e nº 6.353/2008, pela Resolução Normativa Aneel nº 338/2008, e pelas Regras e Procedimentos de Comercialização, tendo por objetivo aumentar a segurança no fornecimento de energia ao SIN e reduzir custos operacionais, sendo a demanda a ser contratada definida pelo poder concedente.

Para participar da contratação de energia de reserva, os projetos devem adicionar garantia física ao SIN ou ser empreendimentos que não entraram em operação comercial, até a 16 de janeiro de 2008 (data do Decreto). Por sua vez, a energia de reserva deve ser contabilizada e liquidada no mercado de curto prazo, mediante Contratos de Energia de Reserva (CER) firmados entre os geradores com a Câmara de Comercialização de Energia Elétrica (CCEE), que repassa – aos usuários da energia de reserva (distribuidoras, consumidores livres, consumidores especiais e autoprodutores), por meio do Contrato de Uso de Energia de Reserva (Conuer) – os custos de geração e operação da energia contratada, pagos mediante um encargo específico, denominado de Encargo de Energia de Reserva (EER), conforme definido no Decreto nº 6.353/2008 e Resolução Normativa Aneel nº 337/2008. O valor desse encargo, calculado mediante rateio mensal para a contratação da energia de reserva proporcional à parcela de carga dos usuários, é depositado em uma conta específica – Conta de Energia de Reserva (Coner) –, administrada pela CCEE, que operacionaliza a contratação e o uso dessa energia.

Na contratação da energia de reserva, nos termos da Portaria MME nº 407, de 2010, que definiu as diretrizes para a elaboração do Edital do 3º Leilão de Energias Renováveis, foi estabelecido que os desvios anuais positivos da produção de energia elétrica de projetos eólicos que superem a margem superior de 30% da produção devem ser reembolsados ao gerador, pelo valor de 70% do preço do contrato. Se o desvio for negativo e ultrapassar o limite de 10% deve ser valorado pelo preço do contrato, acrescido de penalidade 15%. Tanto o pagamento do reembolso quanto da penalidade pode ser feito em doze parcelas mensais uniformes no ano contratual seguinte.

A Garantia Física (GF) dos projetos de geração eólica é calculada pela EPE/Aneel e definida como a máxima quantidade de energia líquida que a usina pode vender no SIN, ou seja, descontados o consumo interno e as perdas elétricas até o ponto de conexão. A GF para usinas eólicas é equivalente ao compromisso firme de entrega de energia ao SIN, declarado pelo agente em cada mês, em MWh, devendo tal entrega ser menor ou igual aos valores de energia apresentados na certificação de medição anemométrica (Nogueira, 2011).

Ambos os leilões de energia – nova e de reserva – têm assumido, em alguns anos, a característica de leilões específicos para algumas fontes, particularmente as novas renováveis. Até então, a energia eólica tinha participado apenas dos leilões de energia nova, na modalidade A-3, e dos leilões de reserva, dos quais alguns foram direcionados exclusivamente para as fontes alternativas. A participação nos leilões A-5 se coloca como um novo desafio, potencialmente a ser vencido no final de 2011, para quando está previsto o leilão A-5 do ano, para o qual projetos eólicos se habilitaram maciçamente.

Resultados gerais dos leilões

Nos leilões realizados no período de 2005 a 2008, mesmo no leilão específico para fontes alternativas realizado em 2007, devido ao preço-teto estabelecido pelo governo, a fonte eólica não se mostrou competitiva. Resultou que 73% da energia adquirida, em MW médios, nos leilões convencionais (A-5 e A-3) foi de origem fóssil. A situação do crescimento fóssil foi mitigada em 2007, com os primeiros leilões específicos para as fontes renováveis; o específico para biomassa; e os leilões dos projetos estruturantes de Santo Antônio e Jirau, realizados em 2008. Levando em conta esses leilões específicos, o patamar da energia fóssil adquirida no período cai para a ordem de 50%. Ressalte-se que a maior parte dessa energia fóssil foi oriunda de plantas extremamente emissoras, como óleo diesel, combustível e carvão mineral. A Tabela 4 resume o resultado dos leilões no período 2005-2008, quando nenhuma energia eólica foi arrematada.

O leilão de renováveis de 2007, segundo a avaliação do BNDES (2008) teve como principal objetivo negociar energia para PCH com outorgas da Aneel, preocupada com o pouco interesse demonstrado pelos agentes de geração em iniciar a construção dessas usinas, sob a alegação de que não havia compradores para a energia a ser gerada. Havia também interesse em incluir a energia eólica, uma vez que seria a primeira oportunidade para este tipo de geração após o Proinfa.

Nesse leilão, os contratos para as PCH foram por quantidade, pelo prazo de trinta anos, e preço-teto de R$ 135/MWh; e os termelétricos (eólicas e biomassa), por disponibilidade, prazo de quinze anos e preço-teto de R$ 140,00/MWh, valor que ficou abaixo do pago nos leilões anteriores a outras fontes bastante competitivas (usinas a carvão, óleo combustível, óleo diesel e gás natural) e tornou impossível remunerar usinas eólicas. Além do preço, pesou também a contratação por disponibilidade, estimativa difícil de ser feita, diante da sazonalidade da geração em função dos ventos, à semelhança do que acontece com as hidrelétricas.

Tabela 4 – Resultado dos leilões para contratação de energia nova para suprimento do Sistema Interligado Nacional

		Fontes de geração					
		Renováveis		**Fósseis**		**Total**	
Ano	Modo	Número de projetos	Energia contratada (MW médios)	Número de projetos	Energia contratada (MW médios)	Números de projetos	Energia contratada (MW médios)
2005		11	498	2	357	13	855
2006	A3	21	1.098	10	584	31	1.682
	A5	11	630	4	474	15	1.104
2007	Renováveis	18	186	–	–	18	186
	A3	0	–	12	1.304	12	1.304
	A5	5	715	5	1.597	10	2.312
2008	Biomassa	31	1.204	–	–	31	1.204
	A3	0	–	10	1.076	10	1.076
	A5	2	156	22	2.969	24	3.125
Total		99	4.487	65	8.361	164	12.848

Fonte: EPE, CCEE, Aneel.

Notas: 1) A tabela não contabiliza os dados dos leilões das grandes hidrelétricas da Amazônia: Santo Antônio e Jirau; 2) A contratação de energia elétrica de novos empreendimentos visa atender a expansão da carga de energia que será despachada e será comercializada por meio de licitações ou leilão público, com antecedência de cinco anos (A-5) e três anos (A-3) da realização do mercado previsto pelas distribuidoras (ano A).

Os resultados desse leilão, que podem ser vistos na Tabela 5, ficaram muito aquém das expectativas do governo e dos empreendedores, e não só para as eólicas, considerando que para as PCH, principal foco do leilão, também foram baixos. Como consequência das regras do leilão, dos 2,802 mil MW habilitados pela EPE a participar do Leilão de Fontes Alternativas (LFA), a oferta de energia eólica foi de 939 MW, mas o preço-teto e o contrato por disponibilidade por quinze anos não viabilizaram os projetos eólicos, que, ao final, não participaram do leilão.

Na realidade, as condições contratuais desse leilão não foram atrativas para os empreendedores de energia eólica, sendo, inclusive, muito desfavoráveis a tais projetos, comparando-se aos resultados do Proinfa, que contratou projetos eólicos pelo prazo de vinte anos, com tarifa na faixa de R$ 200,00, e que têm prioridade no despacho. O pequeno número de projetos se deveu a dois fatores: a falta de licença prévia de muitos deles, condição essencial para a contratação nos leilões, e o preço-teto defasado, particularmente para os projetos eólicos. Neste caso, o preço baixo inviabilizou a participação desses empreendimentos, enquanto para as PCH e as usinas de biomassa, muitos produtores optaram pela contratação no mercado livre ou ficaram aguardando melhores preços.

Iniciava-se, assim, um processo de aprendizagem que veio a resultar nos bem-sucedidos leilões específicos de fontes renováveis de 2009 em diante.

Durante esse período, houve acalorados debates sobre formas mais efetivas da participação, nos leilões, das fontes renováveis modernas (biomassa, eólica e PCHs), o que viabilizou a realização de leilões específicos para fontes renováveis. A regulamentação, pelo Decreto nº 6.353/2008, do conceito de energia de reserva, anteriormente mencionado, e a constatação da explosão da produção do etanol, com consequente excesso de bagaço, criaram um cenário favorável para se testar o conceito de leilões específicos como um mecanismo de incentivar as fontes renováveis. O primeiro leilão de biomassa, em 2008, foi muito bem-sucedido, o que abriu espaço para a expansão do conceito. Levando-se em conta o baixo custo dos equipamentos eólicos – em função de uma capacidade ociosa global criada pela crise financeira mundial –, e a possibilidade de se lançar em um mercado que já explodia, mesmo em países emergentes (China e Índia), bem como a de atrair novos investidores desta tecnologia para o país, promoveu-se o primeiro Leilão de Energia de Reserva (LER), específico para a energia eólica, ainda que, para esta, a nomenclatura de "energia de reserva" seja um um pouco incoerente, visto tratar-se de uma fonte de natureza intermitente. O resultado deste primeiro leilão de reserva para a fonte eólica foi surpreendente sob todos os aspectos.

Tabela 5 – Empreendimentos cadastrados, habilitados e contratados no 1º Leilão de Fontes Alternativas (18 de junho de 2007)

Fonte	Número de projetos	Potência cadastrada (MW)	Número de projetos	Potência habilitada (MW)	Número de projetos	Potência contratada (MW)	Preço médio (R$/MWh)
Eólica	24	1785	9	939	0	0	0
PCH	77	1281	54	844	6	97	134,85
Biomassa	42	1504	24	1.019	12	550	138,85
Total	143	4570	87	2802	18	647	137,52

Fonte: EPE, informe à imprensa, Leilão de Fontes Alternativas, 13 de junho de 2007.

A energia eólica nos leilões

O segundo Leilão de Energia de Reserva (LER), o primeiro exclusivamente para fonte eólica, realizou-se em dezembro de 2009, com contratos de vinte anos e previsão de entrega da energia em meados de 2012. O leilão surpreendeu, sobretudo pelo deságio de 21,49% conseguido em relação ao preço-teto de R$ 189,00/MWh estabelecido pelo governo. Foram contratados 71 empreendimentos, totalizando 1805,7 MW, distribuídos entre cinco Estados: Bahia, Ceará, Rio Grande do Norte, Rio Grande do Sul e Sergipe, a um preço médio de venda de R$ 148,39/MWh, ou 8,5 centavos de dólar/kWh. O volume de MW médios transacionado foi de 783,1 MW, o que resulta em um fator de capacidade médio de 0,434. Estimou-se, na época, que o montante financeiro transacionado alcançaria R$ 19,59 bilhões ao final do período de vigência dos contratos de vinte anos (EPE, 2009).

O sucesso do leilão garantiu a realização de uma nova rodada no ano seguinte. Registrou-se em torno de 13 mil MW para concorrer, o que dava dimensão do volume de projetos represados. A produção internacional ociosa, os bons fatores de capacidades e as condições de financiamento criaram um ambiente extremamente atrativo à competição no país. Enquanto o fator de capacidade médio do Proinfa variou de 0,255, no Rio Grande do Norte, a 0,312, no Ceará, nesse leilão atingiu 0,463, na Bahia. Naquele momento, apenas dois fabricantes já estavam estabelecidos no Brasil: a alemã Enercon, que no Brasil tomou o nome de Wobben, e a argentina Impsa. Mas, com os projetos contratados, dois novos fabricantes iniciaram suas instalações no Brasil: a espanhola Gamesa e a Francesa Alstom.

Em agosto de 2010 aconteceu o segundo Leilão de Fontes Alternativas (2º LFA) e terceiro Leilão de Energia de Reserva (3º LER), tendo se destacado a energia eólica em ambos. Foram contratados 70 empreendimentos eólicos, somando uma potência instalada 2.047,8 MW, com uma potência média de 899 MW médios, o que representa um fator de capacidade na faixa de 0,439. Foram contratados projetos nos Estados da Bahia, Ceará, Rio Grande do Norte e Rio Grande do Sul.

Existiram pequenas diferenças entre os escopos dos dois leilões, referentes a datas de entrega de energia para o SIN ou cadastramentos dos projetos nos referidos leilões. Entretanto, como foram realizados em dias diferentes, resultaram em preços finais distintos, apesar de inicialmente apresentarem o mesmo preço-teto de R$ 167,00. O preço médio final ficou em R$ 134,00 (7,6 centavos de dólar/kWh), com um deságio de 19,7%, no primeiro caso, contra R$ 122,69 (7 centavos de dólar/kWh), com deságio de 26,5%, no segundo. Ao se olhar o preço médio dos 70 empreendimentos, ele ficou em R$ 130,86. O giro financeiro total é estimado em R$ 21,8 bilhões. É importante ressaltar que o patamar de preços foi surpreendentemente baixo, mas ainda não estava no fundo do poço, como veio a mostrar o leilão de 2011.

A grande peculiaridade do leilão A-3 realizado em agosto de 2011 é que pela primeira vez deixou-se a energia eólica competir com todas as demais fontes, inclusive gás natural, biomassa, PCHs e uma ampliação da hidrelétrica de Jirau. Ainda assim, a energia eólica mostrou-se a mais competitiva das fontes.

No ano, foram realizados três leilões: o Leilão de Energia Nova A-3 (12º LEN), o Leilão de Energia de Reserva (4º LER) e o Leilão de Energia Nova A-5 (13º LEN).

No primeiro, em que competiram todas as fontes, destacaram-se as usinas eólicas e as usinas de gás natural. No primeiro caso, foram arrematados 44 empreendimentos, com uma potência instalada de 1.067,7 MW e uma potência média ou garantia física de 484,2 MW médios, o que representa um fator de capacidade de 45,3%, certamente bastante considerável. No caso do gás natural, foram apenas dois empreendimentos, totalizando 1.029,1 MW, mas houve ainda um empreendimento hidrelétrico com potência de 450 MW. Entretanto, o grande destaque deste leilão que, de certa forma, estabeleceu um novo paradigma de preços de energia, foi o preço da energia eólica a R$ 99,58/MWh (US$ 0,63/kWh), menor que o preço da energia do gás natural a R$ 103,26/MWh. De certa forma é peculiar ver o preço da energia elétrica oriunda do gás natural maior que o preço da energia eólica, normalmente objeto de *feed-in tariff* (FiT) nos países desenvolvidos, o que foi ratificado pelos dados, aqui apresentados na Figura 14, para os países da OCED. A eólica teve preço inferior até mesmo ao da energia hidrelétrica de uma expansão da Usina de Jirau. Esse resultado colocaria a energia eólica entre as alternativas de menor custo para a produção de energia elétrica no Brasil, provavelmente só maior do que os maiores projetos hidrelétricos. A Tabela 6 apresenta os resultados desse leilão emblemático.

Já o resultado do Leilão de Energia de Reserva (4º LER), realizado no dia seguinte, redundou na contratação de 34 empreendimentos eólicos, com uma potência instalada de 861,1 MW, com um fator de capacidade médio de 50%, o que se torna um recorde para o país, e entre os mais elevados nos projetos comerciais implantados globalmente. Assim, foi contratada uma garantia física de 428,8 MW médios, a um preço também recorde de R$ 99,54/MWh (US$ 0,62/kWh). O deságio em relação ao preço-teto de R$ 146,00/MWh foi de 31,8%, o maior obtido no conjunto dos leilões do período 2009-2011.

Tabela 6 – Resultados do Leilão A-3, 2011

Fonte	Projetos contratados	Potência instalada (MW)	Garantia física (MWmédios)	Preço médio (R$/MWh)
Eólica	44	1.067,7	484,2	99,58
Biomassa	4	197,8	91,7	102,41
Hídrica	1	450,0	209,3	102,00
Gás natural	2	1.029,1	909,9	103,26
Total	51	2.744,6	1.686,1	102,07

Fonte: EPE (2011b).

No conjunto dos dois leilões, foram adquiridos, em 2011, 1.929 MW, representando 832 MWmédios, em 78 projetos, distribuídos pelos Estados do Rio Grande do Sul (624 MW), Rio Grande do Norte (458 MW), Bahia (414 MW), Ceará (278 MW), Pernambuco (78 MW), Piauí (72 MW). O giro financeiro total foi de R$ 14,5 bilhões.

Duas grandes questões se colocaram a partir do resultado dos leilões de agosto: a primeira é se o patamar de preços poderia cair ainda mais, e a segunda é se este preço é sustentável para a expansão futura do parque industrial brasileiro. Ao se tentar responder à primeira questão, olhando-se para a média de preços internacionais para energia eólica, com base nos dados do REN21 (2011), percebe-se que a faixa é de 5 a 9 centavos de dólar por kWh, o que se levaria a concluir que os preços ainda não chegaram ao fundo do poço no Brasil. Outros fatores que pesam em uma possível resposta seria a eventual volatilidade da moeda brasileira ante um agravamento da crise financeira global, e a capacidade de garantir o financiamento dos projetos com recursos do Banco Nacional de Desenvolvimento Econômico e Social (BNDES), caso o preço continue a cair, o que faria reduzir o percentual financiável pelo banco, fator fundamental do resultado dos leilões. Claramente, muitos empreendedores, quando os preços caíram para os patamares finais, preferiram não competir no leilão. Outro fator a ser considerado é a maior participação das empresas estatais, que têm expectativas de taxas internas de retorno menores que as almejadas pelas empresas privadas, o que certamente poderia desencadear a continuação da redução da tarifa.

Parte da resposta pôde ser observada no Leilão de Energia Nova A-5, realizado em dezembro, quando a fonte negociou 39 projetos somando 976,5 MW, a um preço médio R$ 105,12/MWh, o que equivaleu a 81% da potência total negociada no leilão. Uma única usina hidrelétrica foi arrematada ao preço de R$ 91,20/MWh. Ao se analisar o resultado, torna-se evidente que os empreendedores eólicos, a despeito das dificuldades de licenciamento das hidrelétricas, internalizaram o fato de que as obras de transmissão vinculadas a esses empreendimentos dificilmente seriam realizadas antes do horizonte de cinco anos, o que dificultaria antecipar o comissionamento das plantas e, diante da viabilidade de se construírem plantas em dois anos, seria melhor, devido aos naturais avanços tecnológicos, aguardar eventuais reduções de custos, em vez de ofertar menores preços com cinco anos de antecedência.

Ao se olhar o panorama eólico atual, assumindo-se que toda a capacidade contratada vá se materializar, observa-se que, no final de 2014, serão 7,1 GW instalados. Isto representará em torno de 5,25% da capacidade de geração instalada total do Brasil, ao se comparar com as previsões do Plano Decenal de Expansão de Energia 2020 (Brasil, 2011), que prevê uma capacidade instalada de 135,2 GW para aquele horizonte. Por outro lado, a energia gerada ao final de um ano, em 2014, se aproximaria de 26 TWh, o que seria em torno de 4,7% de toda a energia produzida no país naquele ano. A distribuição por Estados estará concentrada no Rio Grande do Norte, com 2,4 GW; Ceará, com 1,5 GW; Bahia, com 1,4 GW; e Rio Grande do Sul, com 1,3 GW. Os demais 500 MW estarão pulverizados entre os Estados de Santa Catarina, Pernambuco, Piauí, Paraíba, Sergipe e Rio de Janeiro. Consolidam-se, assim, os grandes potenciais nos Estados já identificados no *Atlas eólico*.

A Tabela 7 mostra o resultado do panorama eólico brasileiro até então contratado. Nessa tabela, alguns pontos merecem destaque. O Brasil terminará o ano de 2014 com 7,1 GW instalados de capacidade eólica, com um fator de capacidade médio de 41%, que, sob todos os padrões para a energia eólica, é muito elevado. A energia eólica terá movido, ao final da vida útil desses projetos, algo em torno de R$ 88 bilhões, e o preço da energia no leilão A-3 de 2011 representa 33% do que se paga pela energia negociada no âmbito do Proinfa em 2005. O efeito de escala, o amadurecimento tecnológico, a produção nacional de equipamentos, a ociosidade da indústria internacional diante da crise financeira e a valorização do real contribuíram para esse resultado final.

Apesar do inegável sucesso desse modelo de leilões em fazer baratear o preço final da energia eólica oferecida – particularmente no Brasil, mas também em vários outros países, inclusive

Tabela 7 – Panorama do setor da energia eólica desde o Proinfa até os leilões de agosto de 2011

Indicadores	Proinfa	2009	2010	2011 (A-3)	2011 (A-5)	Total
Número de usinas	53	71	70	78	39	311
Capacidade instalada (MW)	1.288	1.806	2.048	1.929	976,5	8.047,5
Capacidade média (MW médios)	408	753	899	832	478,5	3.370,5
Fator de capacidade (%)	31,7	41,7	43,9	43,1	49,0	41,9
Energia anual contratada (GWh)	3.580	6.600	8.626	7.265	3.966	30.037
Preço histórico médio (R$/MWh)	180-205	148,39	130,86	99,0	105,12	
Preço histórico médio (US$/kWh)	6,5	8,5	7,4	6,3	5,7	
Preço corrigido atual (R$/MWh)	301,4	163,5	134,0	99,0	105,12	
Taxa de redução (%)		46	18	26	-6	67*
Giro financeiro (bilhões R$)	21,3	21,6	21,8	14,5	8.5	87,7

Fonte: EPE (2011).

* Até o Leilão 2011 A-3.

da América Latina –, isto não funcionaria se não houvesse acúmulo global de grandes ganhos de produtividade pela indústria internacional, feitos em função da sistemática de incentivos por meio de *feed-in tariffs* nos países desenvolvidos, o que, comprovadamente, incentiva o desenvolvimento tecnológico. Com a crise internacional, esses ganhos – que beneficiavam basicamente a indústria manufatureira – foram bruscamente compartilhados e transferidos para a indústria da energia elétrica, a fim de evitar a ociosidade de uma indústria extremamente competitiva. Agora, espera-se que o desenvolvimento tecnológico se faça em um ritmo bem menos acelerado.

Perspectivas futuras na matriz nacional

O planejamento do setor elétrico tem sido atropelado pela realidade da energia eólica, que tem superado todas as previsões realizadas nos últimos anos.

Segundo o cenário traçado em 2007 pelo Plano Nacional de Energia 2030 – PNE 2030 (Brasil, 2007d) –, a produção de energia elétrica de fonte eólica seria de 10,3 TWh/ano, ao final do horizonte do Plano, representando apenas 1% da oferta de eletricidade. Com os resultados tão expressivos dos leilões, a energia eólica passou a ter perspectiva mais significativa na participação do *mix* de geração de energia elétrica. O Plano Decenal de Expansão de Energia 2019 (Brasil, 2010) ainda apontava uma participação da energia eólica em 6.041 MW até o final de 2019, com participação de 3,6% da matriz de geração. Os dados e as análises da seção anterior demonstraram o equívoco desses cenários, por se mostrarem extremamente conservadores em relação ao papel que poderia ser ocupado pela energia eólica.

Com base nos leilões, ainda de 2010, e fortemente influenciado pelas perspectivas do mercado de curto prazo, o

PDEE 2020 (Plano Decenal de Expansão de Energia 2020, Brasil, 2011) prevê aproveitamento maior da energia eólica nos próximos dez anos, atingindo 11.532 MW (6,7% da matriz) ao final do horizonte. Mesmo esse cenário, traçado em meados de 2011, já se mostra conservador e pouco realista, uma vez que, como mencionado anteriormente, já se encontram contratados 7,1 GW para entrega até o final de 2014, além de 1 GW adicional contratado em dezembro de 2011 para entrega em 2016.

Assumindo-se um cenário conservador de contratação de 1 mil MW a partir de 2012, ao final do horizonte se teria algo em torno de 13 GW, 10% acima do previsto no PDEE 2020. Quando se trabalha com o cenário almejado pelo setor eólico e defendido pela ABEEólica, considerando um cenário arrojado pró-eólica de 2 GW anuais nesse horizonte, a geração eólica ficaria em torno de 19 GW, ou seja, 11,1% da capacidade instalada nacional. Como esse cenário é muito arrojado, diante do desaquecimento que a economia mundial possivelmente sofrerá por algum tempo e à maior competição que a eólica enfrentará de outras fontes no Brasil, além de uma eventual estabilização da oferta de projetos eólicos, parece mais realista um número da ordem de 15 GW, com um crescimento ainda grande nos primeiros anos, entre 1,5 GW e 2,0 GW anuais, caindo para um patamar próximo de 1,0 GW.

Existem ainda algumas possibilidades que se configuram para a expansão da energia eólica, além da aquisição dos leilões anuais tipo A-3, A-5 e de Energia de Reserva. O Ambiente de Comercialização Livre ainda tem sido objeto de pequenas inserções da energia eólica, mas, na medida em que grandes conglomerados de geração – a exemplo da CPFL e Cemig, dentre outros – inserem-se no segmento eólico, a possibilidade de oferecer uma energia mais garantida viabiliza a participação da energia eólica no ACL. Com os preços baixos alcançados nos últimos leilões, para as distribuidoras pode passar a ser atraente começar a organizar chamadas públicas para aquisição de geração distribuída, instrumento já permitido pela Lei nº 10.848/2004 e regulamentado pelo Decreto nº 5.163/2004, que estabelece o limite de 10% da demanda da energia distribuidora para aquisição de geração distribuída, o que pode ser feito via energia eólica. Outro instrumento já em discussão que poderá alavancar o mercado eólico brasileiro é sua integração ao Mecanismo de Realocação de Energia (MRE), por enquanto limitado a compensações de variação do recurso hidrelétrico. No que diz respeito a esse ponto, já existe um estudo desenvolvido pela ABEEólica que propõe modificações na atual sistemática do MRE. Eventualmente, na impossibilidade ou dificuldade de tal integração, a criação de um mecanismo próprio para os aproveitamentos eólicos será de grande valia para o segmento.

Olhando para o portfólio de projetos eólicos sobre a mesa, já se tem um panorama de como tal mercado pode se aquecer. Para o leilão de 2011 cadastraram-se 429 projetos, totalizando aproximadamente 11 GW (EPE, 2011), tendo sido arrematado apenas pouco menos de 2,0 GW.

Considerando que, segundo o IPCC (2011), níveis de penetração em torno de até 20% não implicam barreiras técnicas intransponíveis e são perfeitamente manejáveis do ponto de vista econômico, espera-se que em um horizonte maior esse patamar seja alcançado no Brasil. Assim, a expectativa é de que o Plano Nacional de Energia 2035 já sinalize, para o final do seu horizonte, um número nessa faixa. Ao se olhar regionalmente, o Nordeste poderá começar a se aproximar desse patamar em horizontes muito mais curtos. Com os 5,5 GW já contratados e usando um fator de capacidade médio de 40%, perfeitamente adequado à região, pode ser estimada uma oferta de 2 220 MWmédios, o que equivale a uma produção de energia da ordem de 19.500 GWh/ano ao final de 2014. Segundo dados do PDEE 2020, o consumo no subsistema Nordeste seria da ordem de 76,5 mil GWh em 2015, com uma carga de 10.615 MWmédios, que resulta em um nível de penetração superior a 21%, o que certamente passará a exigir importantes reforços no sistema elétrico regional, inclusive com fortes conexões ao sistema do resto do país, além de estudos aprofundados dos impactos desses elevados níveis de penetração em subsistemas regionais.

Indústria nacional

Paralelamente à explosão do mercado da energia elétrica de origem eólica no Brasil, surgem linhas de montagem e unidades fabris de componentes. De início, como parte da exigência do índice de nacionalização das turbinas eólicas imposto pela lei do Proinfa e, posteriormente, como condição para a maior participação do BNDES no financiamento dos projetos. Também contribui para essa explosão o desaquecimento do mercado eólico com a crise financeira, sobretudo nos Estados Unidos e na Europa, que faz com que os principais fabricantes internacionais se sintam compelidos a instalar suas linhas de montagem no país, um dos mercados que mais crescem no mundo, atrás apenas do mercado chinês e indiano, embora estes sejam muito pautados pelos fabricantes nacionais.

A produção nacional de componentes para turbinas eólicas começou ainda nos anos 1990, com a Wobben Windpower Ind. e Com. Ltda., subsidiária da Enercon, o sexto maior fabricante internacional, como apresentado na Tabela 3. Em 1998, a empresa instalou a primeira fazenda eólica brasileira no Ceará, no modelo produtor independente de energia. Em 2002, a empresa expandiu sua capacidade de produção com uma unidade fabril no Ceará. Quando do leilão do Proinfa em junho de 2004, ainda era o único fabricante nacional capaz de atender a exigência de 60% de conteúdo nacional. Atualmente a capacidade fabril de suas plantas é de 500 MW/ano (EPE, 2011).

Em 2008, instala-se no Estado de Pernambuco a Impsa, de origem argentina, com capacidade de produção de 300 MW/ano. Atualmente, a empresa tem capacidade instalada de 600 MW/ano (GWEC, ABEEólica & REEEP, s/d)

Com o resultado do leilão de 2009, vários fabricantes iniciaram linhas de montagem no Brasil, incluindo a espanhola Gamesa e a francesa Alstom, que se instalaram na Bahia com capacidades de produzir 400 MW/ano e 300 MW/ano respectivamente. A norte-americana GE, que já tinha outras plantas fabris no país, passou a produzir componentes para suas turbinas, inclusive o cubo (*hub*), em São Paulo. Segundo a EPE (2011), a empresa poderia produzir 500 MW/ano. A brasileira WEG, que já produz componentes em Santa Catarina, tem planos para, em parceria com a espanhola MTOI, desenvolver uma turbina brasileira. Entre estes seis fabricantes já instalados no país, a capacidade de produção anual é de 2,8 mil MW, superando as expectativas de 2 mil MW/ano feitas em GWEC, ABEEólica & REEEP (s/d), número próximo do estimado pela EPE (2011), de 2,1 mil MW/ano.

Outros fabricantes em variados estágios de negociação para a instalação de plantas de montagem no país incluem a indiana Suzlon – com capacidade de 300 unidades, entre 500-600 MW/ano, a localizar-se no Ceará (Castro, 2011) –, as alemãs Furlander e Siemens e a dinamarquesa Vestas. Deve-se, todavia, ressaltar que o componente núcleo da turbina ainda não é produzido no país.

Em outra linha de componentes estão as fábricas de pás, que já têm uma capacidade instalada de mais de 2 mil MW/ano. Entre os fabricantes estão a Tecsis, com mais de 30 mil pás produzidas no país e exportadas (ABEEólica, 2011) e a Wobben, com perspectivas de implantação de outras empresas (LM, Suzlon e Aerys Tecnologia). No que diz respeito a torres, a capacidade instalada em agosto de 2011, estaria na faixa de 1,6 mil MW/ano (GWEC, ABEEólica & REEEP, s/d).

Em agosto de 2011, a participação dos fabricantes no mercado nacional nas plantas já instaladas e em construção totalizava 1.930,2 MW, distribuída como apresentado na Figura 17. Prevê-se que, em 2014, em função dos contratos já fechados, essa participação estará muito mais diversificada, com pelo menos nove fabricantes dividindo a capacidade instalada de 7,1 GW. Segundo dados da EPE (2011), o compartilhamento do mercado seria como está apresentado na Figura 18. Dos grandes fabricantes internacionais, apenas os chineses ainda não teriam presença no Brasil.

A ABEEólica representa os interesses da indústria de energia eólica, congregando, em setembro de 2011, 92 empresas de todos os segmentos da cadeia produtiva: empreendedores, desenvolvedores e geradores de energia (46 empresas); fabricantes de aerogeradores de grande porte (8 empresas); fabricantes de torres eólicas (1 empresa); engenharia, consultoria e construção (16 empresas); fabricantes de peças e componentes (13 empresas); e um comercializador de energia. Esses números demonstram a diversidade de empresas já envolvidas no setor.

Ao se analisar o resultado dos leilões tendo em vista os empreendedores até agosto de 2011, a Renova/Light acumulava 636 MW, a Impsa, 601 MW, e a Eletrosul, 582 MW. Em um segundo patamar seguem a Enel, a Iberdrola/Neoenergia, Furnas, Martifer e CPFL, com capacidades caindo de 274 MW a 218 MW.

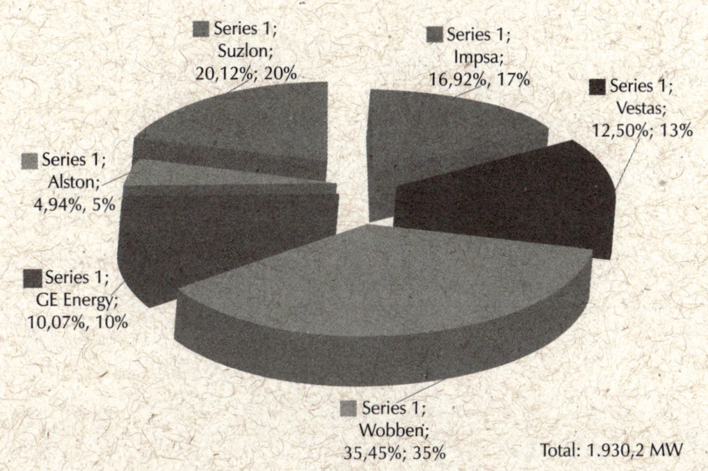

Figura 17 – *Market share* dos projetos em operação ou construção, em agosto de 2011.

Fonte: ABEEólica (2011).

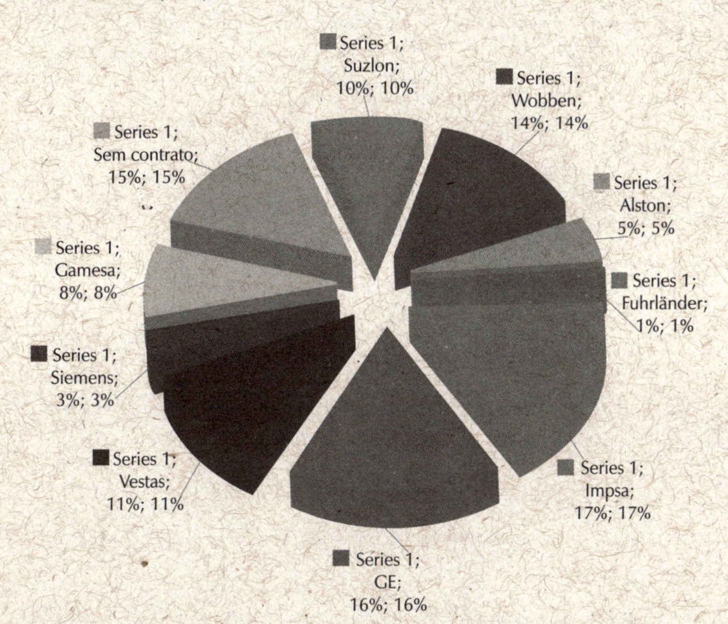

Figura 18 – Percentual do mercado brasileiro distribuído entre fabricantes de turbinas eólicas, em 2014.

Fonte: EPE (2011).

A partir daí, um grande número de empresas acumulam capacidades abaixo de 200 MW. Ao se analisar este elenco de empreendedores nota-se uma grande diversidade de perfis de agentes, incluindo empresas privadas nacionais e internacionais, empresas estatais federais, consórcios com grandes conglomerados do setor elétrico brasileiro, fornecedores de equipamentos, etc.

Incentivos

Vários são os mecanismos de incentivo colocados em prática para facilitar a difusão das novas fontes de energia renováveis. Alguns são de caráter regulatório, dentro do setor elétrico; outros, fiscais ou financeiros, com condições de financiamento facilitadas pelo BNDES ou BNB.

Na maioria dos casos, os Estados também têm criado incentivos fiscais, sobretudo com facilidades de desoneração do imposto estadual (ICMS) na aquisição de bens destinados ao ativo fixo ou deferimento na aquisição interna de insumos, e dilatação de prazo de pagamento de parcelas do saldo devedor mensal do ICMS.

Incentivos regulatórios

Redução das Tarifas de Uso de Sistemas de Transmissão (Tust) e Distribuição (Tusd)

Aos empreendimentos de geração com base em fontes alternativas, incluindo eólica, aplica-se uma redução não inferior a 50%, podendo alcançar até 100%, das tarifas de uso dos sistemas elétricos de transmissão e de distribuição, percentual que incide tanto na produção como no consumo da energia comercializada pelos aproveitamentos, desde que atendam alguns critérios. Este incentivo foi estabelecido pela Lei nº 10.762/2003 e regulamentado pelas Resoluções nº 077/2004 e nº 271/2007 da Aneel.

O percentual de redução é fixado pela Aneel e beneficia projetos que se enquadrem, entre outras, nas seguintes características: usinas hidrelétricas com potência igual ou inferior a 1 mil kW e projetos que utilizem fontes solar, eólica, biomassa e cogeração qualificada, cuja potência injetada nos sistemas seja menor ou igual a 30 mil kW.

Os empreendimentos descritos acima que funcionem interligados desfrutam dos benefícios da operação interligada, incluindo o mecanismo de realocação de energia entre usinas, e podem comercializar energia com consumidor ou conjunto de consumidores com carga igual ou maior do que 500 kW; em sistemas isolados podem comercializar energia com consumidor ou conjunto de consumidores com carga igual ou maior do que 50 kW.

O percentual de redução é aplicado apenas sobre a parcela fio das Tarifas de Uso dos Sistemas de Transmissão (Tust) em vigor. Para as unidades consumidoras conectadas à rede de distribuição o percentual se aplica apenas aos componentes Tusd-Fio B, Tusd-Fio A, Tusd-Encargos dos serviços de distribuição, e Tusd-Perdas técnicas.

Os custos de equipamentos e instalações necessários à conexão bem como os custos adicionais de medição são de inteira responsabilidade do agente gerador.

Instalações de transmissão compartilhada de geradores (ICG)

Com a edição do Decreto nº 6460/2008, foram instituídas as ICG (Instalações de Interesse Exclusivo de Centrais de Geração para Conexão Compartilhada), cujo objetivo é possibilitar o acesso de mais de uma unidade de geração distribuída em um mesmo ponto de conexão da rede básica, e representa um passo fundamental para eliminar ou minimizar conflitos de interesse entre agentes setoriais, frequentemente apontados por investidores de projetos de geração distribuída, com fontes renováveis alternativas.

Conforme definido na legislação, as instalações de geração compartilhada:

- são instalações de transmissão de interesse exclusivo de centrais de geração com base em fonte eólica, biomassa ou pequenas centrais hidrelétricas, não integrantes das respectivas concessões, que são conectadas à rede básica;
- são de propriedade da concessionária de transmissão que responde pela sua instalação e manutenção, mediante o pagamento dos encargos pertinentes.

Pelo referido Decreto, a Aneel responde pelo estabelecimento de critérios, formas e condições para o enquadramento de instalações de transmissão como ICG, além das regras de acesso e forma de custeio. Ao MME cabe estabelecer diretrizes para a realização de licitações de ICG, definidas por chamadas públicas promovidas pela Aneel, desde que previstas no planejamento setorial.

Segundo a EPE (2009) a modalidade de ICG é uma importante alternativa de acesso quando se verificam as seguintes condições:

- existe demanda por conexão de um número expressivo de geradores, em regiões geográficas que são atendidas por malhas de transmissão com baixa capilaridade;
- os sistemas de distribuição não têm capacidade para incorporar volumes significativos de potência e energia.

Regulamentadas pela Resolução Normativa Aneel nº 320/2008, as ICGs são classificadas como:

> instalações de transmissão, não integrantes da Rede Básica, destinadas ao acesso de centrais de geração em caráter compartilhado à Rede Básica definidas por chamada pública a ser realizada pela Aneel e licitadas em conjunto com as instalações de Rede Básica para duas ou mais centrais de geração. (Art. 2º, §1º)

E mais, compreendem ICGs:

> os barramentos, linhas de transmissão, transformadores de potência, inclusive aqueles com lado de alta tensão em nível de Rede Básica e lado de baixa tensão com nível inferior a 230 kV e suas conexões, bem como equipamentos de subestação não classificados como instalações de Rede Básica. (*ibid.*)

As ICGs – e as instalações de transmissão de interesse exclusivo e caráter individual com tensão inferior a 230 kV – devem ser transferidas de modo não oneroso à concessionária ou permissionária de distribuição local e, após as transferências, o acesso das centrais de geração observará a regulamentação de acesso. Outro aspecto importante na regulamentação das ICGs é que elas devem ser definidas com base em chamada pública realizada pela Aneel, diante do aporte de garantias financeiras dos interessados que desejarem o acesso. A agência é responsável pelos prazos e condições para a transferência das ICGs às concessionárias ou permissionárias locais de distribuição. Desse modo, diminuem-se as incertezas quanto ao número de usinas que serão incorporadas ao sistema, favorecendo análises mais realistas do planejamento da transmissão.

Como todo acesso à rede básica, a ICG deve assinar contratos com a ONS (CUST, encargo do sistema de transmissão) e com a concessionária proprietária das ICG (CCT). Os encargos sobre as ICGs devem ser rateados na proporção dos usos dos sistemas de transmissão (máxima potência injetável de cada usuário no ponto de acesso à rede básica), considerando as instalações utilizadas por cada acessante, ou seja, os investimentos entre os pontos de acesso à rede básica (TUST) e a conexão à ICG (encargos de conexão relativos à parcela de uso do transformador e/ou à parcela de uso da linha de transmissão).

Enfim, o advento das ICGs é importante porque favorece a solução do problema em que o empreendedor não disponibiliza sua energia por falta de sistema, e o planejamento afirma a inexistência de rede por falta de empreendimentos firmes.

É importante assinalar que, independentemente da ICG, a legislação do setor elétrico assegura direito de acesso de qualquer agente de geração ao sistema de transmissão (Rede Básica) e sistema de distribuição (Rede de Distribuição). As instalações de conexão com a Rede Básica tanto podem ser de propriedade da central de geração ou da concessionária de transmissão, além das compartilhadas (ICG). No caso de acesso com a Rede de Distribuição, as instalações também podem ser de propriedade da central de geração. Em ambos os casos, os custos de acesso envolvem a assinatura dos respectivos contratos, e seus custos são imputados ao acessante, o que pode inviabilizar a implantação de projetos.

Desse modo, a ICG, ao permitir o rateio entre geradores, reduz o custo de acesso para o empreendedor. Ressalte-se que, para ser caracterizada a figura de ICG, é necessário o interesse de pelo menos dois projetos para conexão na referida subestação.

Incentivos fiscais

Regime especial de incentivos para o desenvolvimento da infraestrutura (Reidi)

A Lei nº 11.488/2007, que estabeleceu descontos nas tarifas de distribuição e transmissão para projetos eólicos, também instituiu o Reidi, para beneficiar pessoas jurídicas que tenham projetos aprovados para implantação de obras de infraestrutura, incluindo os de energia. Regulamentada pelo Decreto 6.144/2007, destacam-se como principais incentivos dessa lei a suspensão do pagamento de Programa de Integração Social e Formação do Servidor Público (PIS) e Contribuição para o Financiamento da Seguridade Social (Cofins) sobre:

- a venda ou importação de máquinas, aparelhos, instrumentos e equipamentos novos, bem como de materiais de construção utilizados ou incorporados às obras de infraestrutura;
- a venda e importação de serviços igualmente utilizados em projetos de infraestrutura de longo prazo.

Na sequência, a Lei nº 11.727/2008 incluiu nesse benefício a receita de aluguel de máquinas, aparelhos, instrumentos e equipamentos para utilização em obras de infraestrutura, quando contratado por pessoa jurídica beneficiária do Reidi. Após a utilização ou incorporação do bem ou material na obra, a suspensão se converte em alíquota zero desses tributos. O referido benefício pode ser usufruído nas operações de aquisições e importações realizadas no período de cinco anos, contados a partir da habilitação do projeto no Reidi.

Outros benefícios tributários que não se aplicam apenas aos projetos habilitados ao Reidi são:

- a recuperação acelerada dos créditos de PIS/Pasep e Cofins em edificações, reduzindo de cinco anos para 24 meses o prazo para a apropriação dos créditos dessas contribuições, desde que sejam incorporadas ao ativo imobilizado, conferindo às obras civis o mesmo tratamento que já beneficiava máquinas e equipamentos; este benefício se aplica somente aos créditos apurados com gastos incorridos a partir de 1º de janeiro de 2007;
- a ampliação do prazo de recolhimento das contribuições para o INSS, para o PIS/Pasep e da Cofins e do imposto de renda retido na fonte, incidente sobre juros de comissões relativos a créditos obtidos no exterior para financiamento de exportações.

O Decreto nº 6.144/2007 definiu as condições de habilitação e co-habilitação das pessoas jurídicas beneficiadas pelo Reidi e a Instrução Normativa da Receita Federal nº 758/2007 os procedimentos para essa habilitação. Para o setor de energia elétrica, a Portaria MME nº 319/2008 estabelece os procedimentos e requisitos para a aprovação de projetos de geração e transmissão a serem habilitados ao Reidi, cujo processo será conduzido pela Aneel. Podem ser habilitados tanto projetos ainda sem contratos com o poder público, como projetos que participaram dos Leilões ou Chamadas Públicas, incluindo contratos firmados com o CCEE, com agentes de distribuição ou no âmbito do Proinfa.

Imposto sobre produtos industrializados (IPI)

Em 2009, o Ministério da Fazenda reduziu a zero, em caráter permanente, a alíquota do IPI sobre aerogeradores, a fim de tentar contemplar interesses dos investidores de projetos eólicos e dos fabricantes de equipamentos, uma vez que aumentou para 14% a alíquota do imposto de importação. Tal medida foi adotada porque os equipamentos nacionais estão mais caros do que os importados e há interesse do governo em manter a competitividade dos fabricantes de aerogeradores nacionais. O objetivo do governo, com essa medida, não é criar reserva de mercado, que leva à ineficiência, mas criar condições de competição e atrair novos fabricantes.

Imposto de Circulação de Mercadorias e Serviços (ICMS)

Foi prorrogada, até 31 de dezembro de 2015, pelo Convênio ICMS 75, de 14 de julho de 2011, a isenção do ICMS sobre equipamentos e componentes para a geração de energia eólica e solar, isenção essa que está em vigor desde dezembro de 1997, fruto do Convênio do Conselho Nacional de Política Fazendária (Confaz-ICMS) nº 101/97. Por esse convênio ficam isentos de ICMS vários equipamentos e componentes como: aerogeradores, torres de suporte, pás de motor e turbina eólica. Para gozar desse benefício esses equipamentos devem estar isentos ou ser tributados à alíquota zero do IPI.

Existem, ainda, isenções e reduções locais, que vêm sendo instituídas pelos Estados para atrair projetos de geração e de fabricantes de equipamentos, a exemplo dos estados do Ceará, da Bahia (Bahia, 2011) e São Paulo, que concedem a desoneração ou diferimento de parcelas do ICMS sobre bens adquiridos destinados ao ativo fixo. O Estado do Rio Grande do Norte criou condições especiais de financiamento, assim como o de Pernambuco (Nogueira, 2011). Recentemente, o Rio de Janeiro também isentou de ICMS as indústrias voltadas para a produção de energia de fonte solar e eólica.

Facilidades de financiamento

Banco Nacional de Desenvolvimento Econômico e Social (BNDES)

Em 2004-2005, na perspectiva do Proinfa, o Banco Nacional de Desenvolvimento Econômico e Social (BNDES) instituiu o Programa de Apoio Financeiro a Investimentos em Fontes Alternativas de Energia Elétrica, tendo em vista apoiar os empreendimentos realizados no âmbito desse programa, estabelecendo, entre outras, as seguintes condições: participação máxima de 80% nos investimentos financiáveis, prazo de amortização de até doze anos e taxa de juros TJLP mais 3,5% ao ano nas operações diretas.

Atualmente, são dois os principais programas de financiamento do BNDES que se aplicam a projetos eólicos:

- o BNDES-Finem, que tem várias linhas de financiamento com objetivos e condições distintas, em função do porte e atividade econômica dos projetos. Entre essas, existe uma linha específica para energias renováveis, destinada a projetos que visem à diversificação da matriz energética nacional. O valor mínimo do financiamento é de R$ 10 milhões, que pode ser realizado diretamente pelo BNDES ou instituição por este credenciada;
- o Finame, que é operacionalizado por instituições financeiras credenciadas, tem por objetivo a comercialização (aquisição) e produção de máquinas e equipamentos novos, fabricados no Brasil e credenciados pelo BNDES. Assim como o Finem, também tem várias linhas de crédito, com objetivos e condições financeiras distintas em função do tipo de empreendimento.

Em 2011, para projetos de energia eólica, as condições de financiamentos desses programas estão discriminadas na

Tabela 8. Note-se que projetos de geração com fontes renováveis financiados pelo BNDES-Finem têm taxa de remuneração de 0,9% ao ano (a menor adotada) e percentual de participação de até 80% (o máximo adotado). Essas condições oferecidas pelo BNDES são seguramente um dos fatores que têm contribuído para a rápida expansão da energia eólica no Brasil. Como ilustrado na Figura 14, na qual se mostra que o preço da energia eólica é mais competitivo, com uma taxa de desconto na faixa de 5%, pode-se afirmar que o BNDES tem contribuído para tornar a energia eólica mais viável no Brasil.

De 2003 a 2010, conforme citado por D'Oliveira (2011), as operações de financiamento aprovadas pelo BNDES para a geração de energia elétrica atingiram R$ 56,4 bilhões, dos quais R$ 4,1 bilhões (7,2%) foram destinados a 37 projetos eólicos com 1.169,88 MW de capacidade instalada e investimentos totais de R$ 6,3 bilhões. Ainda segundo a mesma fonte, a carteira ativa de energia eólica do BNDES, em meados de 2011, teria uma capacidade instalada total de 3,21 GW, com investimentos na ordem de R$ 14,14 bilhões e financiamento de R$ 9,32 bilhões. Some-se a isto um volume de recursos para financiar componentes em projetos específicos, aquisição de máquinas, instalação e ampliação de linhas de montagem e plantas manufatureiras. Apenas no apoio ao aumento da capacidade produtiva, com a instalação de duas das linhas de montagem já implantadas, o Banco alocou, em 2011, um volume de quase R$ 75 milhões.

Tabela 8 – BNDES – Condições de financiamento para projetos de geração eólica

Linhas de financiamento	Condições financeiras		Custo financeiro	Remuneração do BNDES (% a.a.)	Taxa de risco de crédito (% a.a.)	Taxa de intermediação financeira (% a.a.) (1)	Remuneração da instituição financeira credenciada (% a.a.)	Participação máxima (%)	Prazos máximos de amortização (anos)	Garantias
Finem – Financiamento, de valor superior a R$ milhões (de reais), a projetos de implantação, expansão e modernização de empreendimentos	Apoio direto (operação feita diretamente com o BNDES)	Custo financeiro + remuneração básica do BNDES + taxa de risco de crédito	TJLP	0,90%	até 3,57%			80% dos itens financiáveis	16	Definidas na análise da operação
	Apoio indireto (operação feita por meio de instituição financeira credenciada)	Custo financeiro + remuneração básica do BNDES + taxa de risco de crédito + taxa de inermediação financeira + remuneração da instituição financeira credenciada	TJLP	0,90%	até 3,5%	0,5%	Negociada entre instituição e cliente	80% dos itens financiáveis	16	Negociadas entre credenciado e cliente

cont.

Finame – Financiamento, por intermédio de instituições financeiras credenciadas, para produção e aquisição de máquinas e equipamentos novos, de fabricação nacional, credenciados no BNDES	Aquisição de máquinas e equipamentos novos nacionais	Custo financeiro + remuneração do BNDES + taxa de intermediação financeira + remuneração da instituição financeira credenciada	TJLP	0,90%	0	0,5%	Negociada entre instituição e cliente	70% dos itens financiáveis	5 anos, podendo ser estendido para 10 anos, mediante consulta prévia ao BNDES	Negociada entre instituição e cliente
	Capital de giro destinado à produção de máquinas e equipamentos fixos, a fabricantes e produtos credenciados junto ao BNDES, já negociados com as respectivas compradoras (2)	Custo financeiro + remuneração do BNDES + taxa de intermediação financeira + remuneração da instituição financeira credenciada	TJ-462 – taxa de juros medida provisória 462 = TJLP + 1,0% a.a.	0	0	0 a 0,5%	Negociada entre instituição e cliente	70% dos itens financiáveis Máximo de 18 meses	Negociadas entre credenciado e cliente	

Fonte: BNDES.

Notas: (1) 0,5% a.a. somente para grandes empresas, pois as micro, pequenas e médias empresas (MPMEs), com a receita operacional bruta anual de entre R$ 2,4 milhões e R$ 90 milhões, estão isentas da taxa. (2) Fábrica instalada no país e índice de nacionalização de 60%, que pode ser reduzido para 40%, desde que o produto esteja em processo de nacionalização.

Banco do Nordeste (BNB)

No BNB existem os seguintes fundos de financiamento aplicáveis a projetos de geração eólica:

- Fundo de Desenvolvimento do Nordeste (FNDE). Este Fundo tem como objetivo garantir recursos para investimentos em infraestrutura e serviços públicos, e em atividades produtivas na área de atuação da Superintendência do Desenvolvimento do Nordeste (Sudene), gestora do fundo. O BNB, como instituição financeira oficial federal nesse Fundo, atua como prestador de serviços de análise de viabilidade econômico-financeira de risco[4] e como agente operador.[5] A aplicação de recursos do FDNE é feita anualmente pelo Conselho Deliberativo da Sudene, em consonância com o Plano Regional de Desenvolvimento, segundo as diretrizes do Ministério da Integração Nacional;
- Fundo Constitucional de Financiamento do Nordeste (FNE). Operacionalizado pelo BNB, tem por objetivo apoiar o desenvolvimento econômico e social do Nordeste, mediante programas de financiamento a setores produtivos, de acordo com o plano regional de desenvolvimento. Entre os objetos de aplicação de recursos, investimentos de longo prazo e capital de giro, estão os setores industrial e a infraestrutura econômica da região Nordeste. Dos recursos existentes, 50% devem ser aplicados em projetos localizados no semiárido, onde

---

[4] De acordo com o artigo 9º do Regulamento do FDNE, aprovado pelo Decreto nº 6.952/2009, amparado pelo Contrato para Prestação de Serviços de Análise de Viabilidade Econômico-financeira e de Risco dos Projetos no Âmbito do FDNE, firmado entre a Sudene e o BNB, em 23 de dezembro de 2008.

[5] Conforme artigo 19 da Lei Complementar nº 125 e artigo 10 do Decreto 6.952, que definem as competências do BNB, com base em contratos individuais formalizados com a Sudene a cada projeto.

se situam muitos projetos de energia eólica. Com foco na Política Nacional de Desenvolvimento Regional (PNDR), o BNB anualmente elabora e submete ao Ministério da Integração Nacional e à Superintendência do Desenvolvimento do Nordeste (Sudene) um programa de aplicação de recursos, onde são definidas as estratégias de ação e os programas de financiamento, além dos planos estaduais de aplicação de recursos

Na Programação FNE 2011, priorizada pelo Conselho Deliberativo da Sudene, foi prevista a aplicação de R$ 471,83 milhões no setor de Energias Alternativas e Renováveis – Eólica, o que equivale a 4,45% do total de R$ 10,2 bilhões desse fundo nesse exercício.[6] A Tabela 9 mostra as linhas e condições de financiamento desses fundos, aplicáveis a projetos eólicos de geração e, também, para a produção de equipamentos e componentes.

[6] Segundo nota publicada no *Energia eólica clipping*, reproduzida em 1º out. 2011 pela Agência CanalEnergia, o BNB interrompeu o financiamento para setor eólico.

Tabela 9 – BNB – Fundos de Financiamento aplicáveis a projetos eólicos

Fundo	Linhas de financiamento	Objetivo	Itens financiáveis	Custo financeiro (%) (1)
FNE – Fundo Constitucional de Financiamento do Nordeste	FNE VERDE – Programa de financiamento à conservação e ao controle do meio ambiente	Projetos de geração de energia com base em fontes renováveis (eólica, solar, de biomassa, de biocombustíveis, de hidrogênio, maremotriz, etc.); deceficiência energética, de substituição de combustíveis de origem fóssil por fontes renováveis e de reconversão energética com ganhos ambientais; projetos e atividades econômicas de preservação, conservação, controle e/ou recuperação do meio ambiente, com foco na sustentabilidade e competitividade das empresas e cadeias produtivas	Implantação, ampliação, modernização e reforma de empreendimentos, contemplando créditos para investimentos, custeio e capital de giro associado ao investimento	5,065 a 8,5
FNE Industrial – Programa de apoio ao setor industrial	Fomentar o desenvolvimento do setor industrial, promovendo a modernização, o aumento da competitividade, ampliação da capacidade produtiva e inserção internacional	Financiar a implantação, modernização e relocalização de projetos industriais, incluindo a aquisição de unidades industriais já construídas ou em construção e capital de giro associado, aquisição isolada de matérias-primas e insumos para fabricação de bens para exportação		7,125 a 8,5

cont.

FNE – Fundo de desenvolvimento	Infraestrutura (incluindo energia de fontes renováveis)	Projetos de pessoas jurídicas, constituídas na forma de sociedades anônimas, que venham a ser implantados, incluindo ampliação e modernização na área de atuação de Sudene	Até 60% do investimento total, limitado a 80% do investimento fixo mediante a subscrição e integralização de debêntures conversíveis em ações de emissão das empresas titulares dos projetos, ou de suas controladoras. A conversibilidade é de até 50% do montante subscrito e integralizado, corrigido monetariamente, quando se tratar de projetos de infraestrutura, ou de 15% para empreendimentos dos demais setores	Variação da TJLP + 0,6 (del credere = risco do agente operador)+3,0 (juros)
Fabricação de máquinas e equipamentos		Variação da TJLP + 0,6 (del credere = risco do agente operador)+3,0 (juros)*		

* Fonte: BNB, outubro 2011.

Notas: (1) Variável em função do porte da empresa (micro, pequena, média ou grande). (2) Na definição dos limites de financiamento será observada a tipologia de municípios definida na Política Nacional de Desenvolvimento Regional (PNDR), estabelecendo maiores percentuais para as áreas de menor renda e de menor dinamismo, bem como os limites especiais para o financiamento de empreendimentos localizados nas mesorregiões da PNDR e nas regiões integradas de desenvolvimento (RIDEs).

Outros incentivos

Possibilidade de certificação pelo Mecanismo de Desenvolvimento Limpo (MDL)

Projetos com fontes de geração renováveis contribuem para reduzir a emissão de gases do efeito estufa (GEE), e podem ter acesso aos recursos do MDL no âmbito do Protocolo de Quioto, o que alavanca rentabilidade desses projetos.

No caso do Proinfa, o governo chamou para si a iniciativa de acesso ao MDL. Por meio do Decreto nº 5.882/2006, que alterou o Decreto nº 5.025/2004, delegou à Eletrobras competência para

> desenvolver, direta ou indiretamente, os processos de preparação e validação dos Documentos de Concepção de Projeto (DCP), registro, monitoramento e certificação das Reduções de Emissões, além da comercialização dos créditos de carbono obtidos no Proinfa.

Os recursos obtidos com a certificação das atividades dos projetos beneficiadas pelo MDL ou outros mercados de carbono deveriam ser utilizados para a redução dos custos do Proinfa e consequente redução de tarifas para o consumidor. Na prática, isto findou não acontecendo e os eventuais créditos obtidos foram feitos diretamente pelos empreendedores, sem nenhum rebatimanto subsequente no volume a ser recebido pelo empreendedor.

No caso dos projetos eólicos do Leilão 2009 e subsequentes, definidu-se que ficaria a critério de cada empreendedor a responsabilidade de pleitear os créditos do MDL, apropriando-se dos benefícios de sua concessão caso seu projeto seja aprovado.

Índices de nacionalização

Com a criação do Proinfa em 2002, foi estabelecido um índice de nacionalização de equipamentos para empreendimentos de fontes alternativas de energia, tendo em vista incentivar o desenvolvimento de uma indústria nacional. Na primeira fase desse programa, este índice era de 60% dos componentes e serviços relacionados a projetos eólicos, prevendo para a segunda fase, que não se concretizou, um índice de 90%.

Considerando que essa exigência foi um dos fatores que retardaram o desenvolvimento dos projetos eólicos na primeira fase do Proinfa, haja vista que os dois únicos fabricantes instalados no Brasil – Wobben e Impsa – não tiveram capacidade de suprir a demanda, sua anulação passou a ser uma das principais reivindicações de empreendedores interessados na produção de energia eólica.

Reconhecendo as dificuldades dos empreendedores com relação ao suprimento de equipamentos de geração eólica no mercado nacional, e o aumento de custos provocado por equipamentos importados, o governo, por meio da Resolução Camex 07, de 1º de março de 2007, reduziu para 0% a alíquota do imposto sobre importação de aerogeradores.

Quando da divulgação das diretrizes do leilão de 2009 (Portaria nº 242/2009), o primeiro leilão exclusivo para energia eólica (o 2º LER), diante das dificuldades do Proinfa e perante uma conjuntura econômica desfavorável (crise dos países desenvolvidos em 2008), que levou ao aumento da oferta e redução de preços de equipamentos no exterior, não foi estabelecido índice de nacionalização para os projetos, apenas se limitou a importação a aerogeradores com potencial nominal acima de 1.500 kW, além da necessidade de serem equipamentos novos, mantendo-se essa exigência em relação aos leilões seguintes (Portaria MME nº 55/2010).

Como é necessário um índice mínimo de 60% quanto à nacionalização de equipamentos para acesso às linhas de crédito do BNDES, principal instituição de financiamento dos empreendimentos eólicos e do setor elétrico em geral, os projetos participantes dos leilões vêm procurando manter um índice mínimo de nacionalização, tendo sido negociado, em alguns casos, pelo Banco, um processo progressivo para se atingir tal limiar.

Por que a energia eólica?

Os benefícios da utilização da energia eólica coincidem com aqueles regularmente utilizados para justificar o uso das fontes renováveis de energia, além das peculiaridades da tecnologia. Entre os primeiros, podem-se destacar:

- desenvolvimento social e econômico: ampliação da indústria nacional, oportunidades de emprego, redução da pobreza e pressão por migração urbana;
- redução da poluição do ar;
- abatimento do aquecimento global e potencial acesso ao mercado de carbono;
- diversificação da matriz energética com ampliação do uso dos recursos endógenos;
- diversificação de agentes;
- complementaridade energética com a hidroeletricidade, particularmente na região Nordeste;
- descentralização da produção de energia;
- rapidez de implantação em larga escala.

Alguns desses benefícios são mais facilmente quantificados e serão discutidos mais detalhadamente a seguir, em particular o potencial de redução de emissão de gases de efeito estufa, a criação de empregos, o desenvolvimento da indústria local (já detalhado anteriormente), e a complementaridade com a matriz hidrelétrica nacional. Adicionalmente, nos dois últimos leilões, a energia eólica se mostrou mais competitiva que as demais fontes convencionais, o que resulta em impactos na modicidade das tarifas de energia elétrica.

Redução de emissões

Segundo o Relatório Especial sobre Energias Renováveis (IPCC, 2011), ao efetuar-se análise de ciclo de vida das diversas fontes renováveis, a estimativa máxima de emissão é, para o universo de estudos revisados, de 100 g CO_2eq/kWh, com média variando de 4 g CO_2eq/kWh a 46 g CO_2eq/kWh. Já para as tecnologias fósseis, a faixa varia de 400 g CO_2eq/kWh a 1.000 g CO_2eq/kWh, com o gás natural no piso dessa faixa. Assim, é evidente que qualquer esforço de substituição de fontes fósseis pelas fontes renováveis pode implicar facilmente reduções da ordem de vinte vezes. O mesmo estudo sinaliza alguns cenários em que se admite a energia eólica poder saltar de um nível de 1,8% da oferta global de eletricidade em 2009, para uma faixa entre 13% e 14% em 2050, em um cenário moderado, e até 20 a 25% em um cenário mais ambicioso, com impacto significativo no nível global de emissões.

O estudo Greenpeace & GWEC (2010) arbitra em uma faixa de três a nove meses o período de *pay-back* para as emissões de CO_2 ao longo do ciclo de vida de uma turbina eólica, desde sua fabricação ao descomissionamento vinte anos depois. O mesmo estudo estima que cada MWh gerado com energia eólica implica a redução de emissão de 600 kg de CO_2, considerando a tendência de migração paulatina do carvão para o gás natural nos países da OCED.

No caso brasileiro, tomando por base os números consolidados para os fatores de emissões de CO_2 pela geração de energia elétrica no Sistema Interligado Nacional do Brasil em 2010 – apresentados no site do Ministério de Ciência e Tecnologia (MCT, 2011) –, o valor final da média entre a margem de construção e a margem de operação é de 0.309533 tCO_2/MWh. Dessa forma, qualquer projeto de energia eólica poderia pleitear esse valor de redução no âmbito do Mecanismo de Desenvolvimento Limpo, pois é aquele que o governo brasileiro reconhece como a contribuição de redução das renováveis não emissoras (eólica, solar, pequenas centrais hidrelétricas) quando conectadas ao sistema interligado.

Tomando-se por base os dados apresentados na Tabela 7, em que é apresentada a energia contratada até o leilão de dezembro de 2011, que totaliza 30.037 GWh, a redução de emissões de CO_2 com a geração de energia elétrica com base na fonte eólica seria da ordem de 9,3 milhões de toneladas anuais.

Criação de empregos

Uma indicação do número de empregos que pode ser criado na indústria de energia eólica é dada por uma publicação sobre esse tema da EWEA (2009), estimando em 108.600 empregos diretos na Europa, além de mais 42.716 empregos indiretos em 2007. Os empregos diretos são desagregados, como apresentado na Figura 19. Fica evidente que o que gera maior número de empregos é o segmento da fabricação de turbinas, seguido pela manufatura de componentes. A fabricação de turbinas no Brasil cria, assim, um importante segmento de empregos no país, embora no caso brasileiro tal número deva ser proporcionalmente menor, haja vista que, na maioria dos casos, componentes-chave são importados, constituindo-se as unidades fabris, em alguns casos, apenas em linhas de montagem.

Baseado em estudos desenvolvidos em vários países europeus, o relatório do Greenpeace & GWEC (2010) projeta que, para cada novo MW instalado, são criados 14 novos empregos ao longo da cadeia produtiva da energia eólica (tal como apresentado na Figura 19), considerando o cenário de produtividade de 2010. Esses números cairiam para 13 e 12 empregos em 2020 e 2030, respectivamente, com a otimização dos processos produtivos. Apenas na operação e manutenção das fazendas eólicas são agregados 0,33 empregos para cada novo MW agregado. Aplicando esses índices aos cenários já apresentados na seção 5, para os horizontes 2020 e 2030, o volume de empregos pode variar de 525 mil a 810 mil, no cenário de referência; e de 1,4 milhão a 3 milhões no cenário avançado. Ainda segundo esse estudo, os volumes de investimento poderiam variar, em 2020, de 50 a 200 bilhões de euros por ano, considerando os dois cenários extremos.

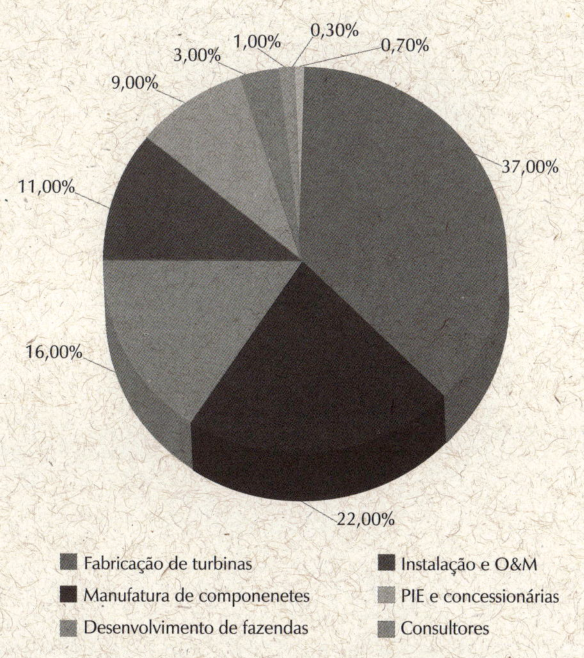

Figura 19 – Emprego no setor de energia eólica, por atividade, na Europa, em 2007.

Fonte: EWEA (2009).

De acordo com o IPCC (2011), o volume de empregos diretos na indústria da energia eólica, em 2009, é estimado em 190 mil na Europa e 80 mil nos Estados Unidos. Em nível global, esse número estaria em torno de 500 mil. Já o REN 21 (2011) estima em 630 mil empregos globalmente em 2010, dos quais 14 mil estariam no Brasil, o que, no momento atual, ainda parece superestimado.

Não existem números precisos sobre a criação de empregos no Brasil, mas, segundo a EPE (2011a), para a atual capacidade manufatureira da indústria eólica, de 2,1 mil MW/ano, e que no curto prazo pode atingir 4 mil MW/ano, poder-se-ia contabilizar 2 mil empregos. Na operação e manutenção dos parques no Estado da Bahia (Bahia, 2011), existe uma estimativa de 0,28 a 0,42 empregos diretos por MW instalado, o que é bastante compatível com o padrão adotado, acima de 0,33. Projetando-se esses números para o total de 7,1 GW contratados, é possível estimar mais 2,5 mil empregos diretos.

Tomando por base números citados pelas empresas Wobben (http://www.wobben.com.br/) e Alstom (Castro, 2011), estima-se entre quatro e cinco empregos indiretos para cada emprego direto. A ABEEólica (2011) projetou, em agosto de 2011, cerca de 12 mil o número de pessoas direta ou indiretamente atuantes no segmento eólico, contabilizando desde o setor de serviços e indústria até a logística e operação dos parques. A Renova Energia, em um relatório interno, reporta um pico de mil empregos diretos quando da montagem de seus 14 parques, arrematados no leilão de 2009, totalizando 294 MW, em três municípios do Estado da Bahia, contabilizando uma mão de obra local de 75% do pessoal envolvido.

Freitas (2011), reportando a experiência de implantação de parques eólicos no semiárido nordestino, ressalta que esses projetos têm possibilitado a regularização fundiária das propriedades, com consequente aumento da renda dos proprietários rurais em função do arrendamento das terras, o que, por sua vez, promove aquecimento do setor de serviços e uma alteração do uso e ocupação do solo. Registre-se que, mesmo os projetos não chegando a ser licitados nos leilões, a regularização fundiária vem acontecendo de maneira exponencial, pois, para habilitação dos projetos nos certames, é necessário que o empreendedor regularize os imóveis rurais dos proprietários, que, em sua grande maioria, não têm condições financeiras para tal. Ademais, diversas empresas do setor já iniciam algum pagamento na assinatura do contrato de arrendamento, independentemente de os projetos serem licitados ou terem um PPA, alavancando assim o poder econômico dos proprietários das fazendas e terrenos do semiárido.

Modicidade tarifária

Em um estudo pioneiro, Pinto (2008) simulou a introdução de 1,7 GW de energia eólica no Nordeste e mais 460 MW no restante do Brasil, com fatores de capacidade variando, no Nordeste, entre 28% (em março) e 67% (em outubro), concluindo que o custo de energia, risco e *déficit* esperado são reduzidos significativamente. Segundo o estudo, "o custo operativo evitado total, pela implantação de usinas eólicas, no período de 2009 a 2011 foi estimado em aproximadamente R$ 4 bilhões ou 14% do custo total de operação" (Pinto, 2008, p. 32).

Anteriormente, em um estudo mais acadêmico, Almeida (2005) já sinalizava que, sob cenários de alta demanda, a energia eólica reduziria o custo final da energia, demonstrando ser um substituto promissor para a energia térmica no Nordeste, mesmo trabalhando com custos de capital e taxas de juros muito mais elevados do que acontece hoje no Brasil.

O último leilão que trouxe a energia eólica para um patamar de R$ 99,00/MWh, em que foram adquiridos quase 2 GW dessa fonte, certamente fará com que a energia eólica faça uma pequena contribuição para a redução do preço final da energia elétrica, na medida em que, pontualmente, considerando as demais fontes competidoras neste leilão, constituiu-se a fonte de menor preço.

Segundo a EPE (2011), antes dos leilões de agosto de 2011, o custo médio de contratação da energia futura era de R$ 131,76/MWh. Após esses leilões, tal valor reduziu-se para R$ 129,88/MWh, tendo o custo médio da energia eólica caído de R$ 150,61/MWh para R$ 131,37/MWh, passando a constituir a terceira fonte mais barata, na média de todos os leilões já realizados, atrás apenas da energia hidrelétrica, e da energia elétrica produzida com resíduos de madeira, mas na frente do gás natural, a R$ 142,82/MWh.

Fatores de capacidade e complementaridade com a matriz elétrica brasileira

Dois fatores técnicos peculiares da energia eólica no Brasil tornam mais atrativos os investimentos em projetos eólicos no Brasil. O primeiro deles é o alto fator de capacidade dos empreendimentos eólicos, que podem chegar a 50%, como ficou evidenciado nos últimos leilões de 2011. O segundo é a complementaridade entre a energia hidrelétrica e a energia elétrica produzida pela fonte eólica.

Os fatores de capacidade para energia eólica alcançados nos últimos leilões estão substancialmente acima da média mundial de 20%-40% (RERL, s/d), da Alemanha, com 15%, ou do Reino Unido, com 24% (BWEA, 2005). No caso do LER 2011, a relação entre a garantia física e a capacidade instalada, aqui admitida como fator de capacidade, foi de 49,8%. No caso do A-3 2011, o valor foi de 45,3%, agregando uma média, para 2011, de 47,3%. Se no LER 2011 for considerado apenas o caso do Estado da Bahia, a relação atingiu um valor de 54,4%, número próximo à média brasileira para a energia hidrelétrica.

Deve-se admitir, entretanto, que o fator de capacidade dos projetos já em operação, todos do Proinfa, ficaram segundo a ONS (2011) substancialmente abaixo dos valores declarados, com uma média de 27% para o Rio Grande do Sul e 32,4% para o Nordeste em 2011 – bem menores, portanto, que os valores declarados de 31,7% e 43,0%, respectivamente. É importante ressaltar que esses projetos foram montados com períodos de medição bem mais reduzidos, e sem o nível de requerimento de certificação exigido pela EPE nos leilões atuais. Em consequência, esperam-se valores mais próximos do que os apresentados no parágrafo anterior.

Outra peculiaridade do regime eólico de algumas regiões do Brasil é a sazonalidade inversa à do regime de chuvas, ou seja, os maiores ventos acontecem exatamente nos períodos mais secos, e vice-versa, com menores ventos nos períodos úmidos, o que resulta em uma perfeita complementaridade entre as duas fontes. Esse aspecto vem sendo estudado desde o início das medições eólicas no Brasil, tendo sido discutido exaustivamente e modelado por Almeida (2005) em sua tese de doutorado, demonstrando os benefícios no que diz respeito à redução da intermitência e dos menores custos operacionais comparados à opção térmica. Schultz *et al.* (2005) ratificou os estudos anteriores para a região Nordeste, mas adicionalmente demonstra que também existe complementaridade entre os ventos da região Sul e as vazões hídricas na região Sudeste, beneficiando o sistema da região Sul-Sudeste.

A Figura 20 apresenta de forma muito clara essa situação de complementaridade, agora cobrindo um horizonte de quase nove anos. Tal circunstância resulta em uma energia firme significativamente maior para o binômio vento-água no Brasil.

A figura deixa claro, também, que o período seco ocorre em torno do mês de outubro. Por outro lado, usando dados de usinas instaladas no Nordeste, o ONS (2011) afirma que "os melhores resultados ocorrem, com mais frequência, nos meses de setembro a novembro (primavera)" (ONS, 2011, p. 6). E, ademais, que nos momentos em que são verificados os maiores valores de geração, baseados em integralização horária, a potência nominal da maioria das plantas é superada, e em apenas duas das 14 fazendas esta relação é inferior a 90%.

A mesma figura (Figura 20) relembra, ainda, a grande seca de 2000-2001, que resultou no racionamento de energia, o que certamente teria sido minimizado caso já existisse, na época, o aproveitamento do potencial eólico. Adicionalmente demonstra uma complementaridade entre a biomassa e o regime hídrico.

Em nível mais individualizado, a Figura 21 mostra que os regimes eólicos nas quatro principais bacias eólicas são muito similares, observando-se apenas um ligeiro deslocamento no caso da Bahia, mas todos são complementares com as vazões afluentes das hidrelétricas de Tucuruí (Norte), de Paulo Afonso (Nordeste) e de Porto Colômbia (Sudeste). Apenas o regime hídrico na região Sul, sabidamente complementar com o restante do Brasil, é coincidente com o regime eólico do país, e por isso não resulta em complementaridade.

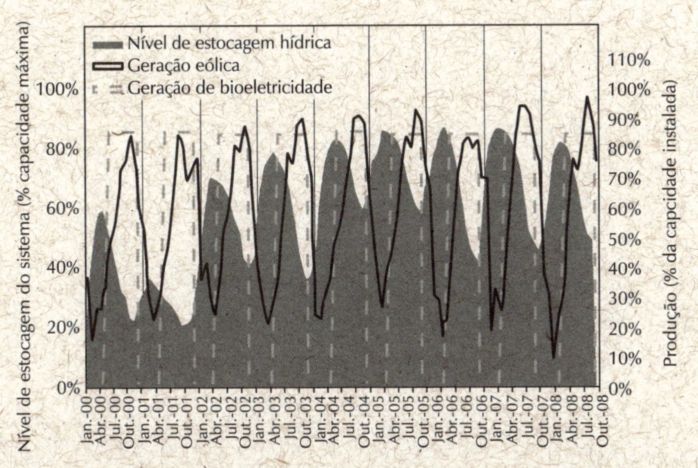

Figura 20 – Armazenamento hídrico histórico e padrões de produção da energia eólica e de biomassa no Brasil.

Fonte: Barroso (2010).

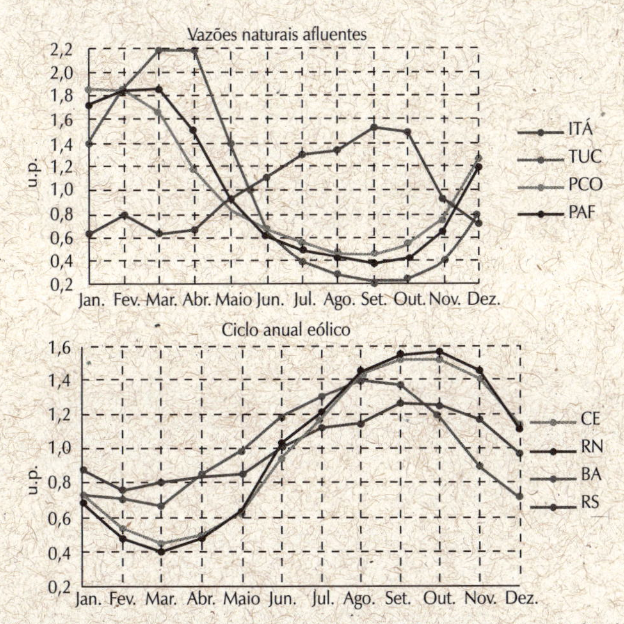

Figura 21 – Vazões afluentes nas hidrelétricas de Itá, Tucuruí, Porto Colômbia e Paulo Afonso e ciclos eólicos anuais nos principais sítios produtores.

Fonte: EPE, 2011.

Alguns desafios por vencer

Apesar da explosão recente do mercado, ainda existem vários desafios colocados para a consolidação e crescimento sustentável da energia eólica no Brasil, garantindo a expansão do parque industrial ainda nascente. A própria sistemática de leilões, que tem se mostrado bem-sucedida em expandir a capacidade instalada e atrair linhas de montagem para o país, é algo de novo na experiência internacional que, até então, era unânime em afirmar que leilões não resultavam em desenvolvimento tecnológico e que as experiências mais bem-sucedidas eram as pautadas pelo modelo de *feed-in tariffs*. Efetivamente, o modelo de leilões não garante que no ano seguinte haja uma expansão significativa do mercado, sobretudo no caso do Brasil, com a potencial expansão do mercado do gás natural, em razão do pré-sal. Some-se a isso a crise internacional, que sinaliza repercussões no mercado dos países emergentes, fazendo reduzir o ritmo de crescimento e, por conseguinte, o mercado de energia elétrica.

Ademais, existem dificuldades de logística, de expansão da malha de transmissão, de minimização do impacto ambiental para facilitar o processo de licenciamento, de disponibilização de mão de obra capacitada e até de conhecer melhor o recurso e poder simular, não só a contribuição dos ventos na ponta do sistema, indo além das análises energéticas, mas também impactos em cenários de grande penetração, como pode vir a acontecer na região Nordeste, em curto prazo.

Expansão do mercado para energia eólica

Segundo dados do PDEE 2020 (Brasil, 2011), a expansão planejada até 2020 objetiva a incorporação de 19.383 MW novos, já incluído nesse número o que foi arrematado nos leilões de 2011, que totalizou aproximadamente 4 GW. Nesse cenário seriam adquiridos, entre 2015 e 2020, mais 9,3 GW em fontes alternativas, dos quais aproximadamente 5,4 GW seriam da fonte eólica. A Figura 22 apresenta esse cenário, valendo observar que seus números estão significativamente maiores dos que os referenciados por Dalben (2011), citando a PSR, que estima um espaço para contratação até 2020 de 13,2 GW.

Por outro lado, a ABEEólica tem anunciado que, para manter a indústria eólica em patamares sustentáveis, seria necessária uma aquisição anual da ordem de 2 mil MW até 2020, totalizando 20 GW, no final do horizonte. Para tanto, o mercado deveria absorver algo em torno de 12 GW a 13 GW, o que coincidiria com toda a demanda estimada pela PSR ou próximo de 70% das estimativas do PDEE. Considerando que a crise internacional certamente poderá desaquecer o mercado brasileiro e a demanda por energia elétrica, e que, ainda, no cenário do PDEE não estava prevista qualquer aquisição adicional de gás natural entre 2014 e 2020, o cenário delineado pela ABEEólica parece inverossímil se não forem conquistados novos mercados. Deve-se ressaltar que, em 2011, foram adquiridos 1.029 MW de termelétricas a gás natural, originalmente não previstas, e que a pressão pela expansão dessa fonte certamente crescerá, tendo em vista que, no referido leilão, habilitaram-se para concorrer 4,388 mil MW, distribuídos em dez projetos.

A expansão de novos mercados passa pelos novos segmentos ainda não explorados, como a comercialização de Energia Incentivada no Mercado Livre (ACL), a geração distribuída e, finalmente, sua consolidação nos leilões A-5, depois do bem-sucedido batismo no leilão de dezembro de 2011, em que se procuraria ocupar uma parte do espaço previsto para grandes hidrelétricas. Adicionalmente, poderá aparecer no Brasil um segmento de mercado que queira comprar energia totalmente limpa, de onde, eventualmente, é excluída a fonte hidrelétrica de grande porte.

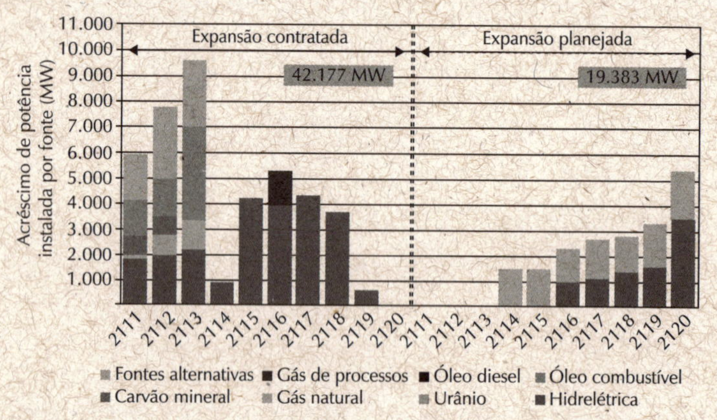

Figura 22 – Brasil. Acréscimo de capacidade instalada anual por fonte (MW).

No mercado A-5, realizado em dezembro de 2011, a energia eólica concorreu, tendo apresentado um total de 296 projetos que somaram aproximadamente 7,5 GW. O desafio de concorrer com as hidrelétricas – que historicamente são as fontes de energia elétrica de menor custo no Brasil – mostrou-se factível, depois de ter disputado com sucesso com as termelétricas a gás natural no leilão de agosto de 2011. Obviamente, o preço das eólicas ainda não atingiu o patamar das grandes hidrelétricas, mas a dificuldade de seu licenciamento tornou-se uma grande vantagem para a energia eólica. Como mencionado anteriormente, foram arrematados 976,5 MW em eólicas e 135 MW em uma única hidrelétrica, a preços de R$ 105,12/MWh e R$ 91,20/MWh, com fatores de capacidades[7] de 49,0% e 67,3% respectivamente.

De qualquer forma o leilão A-5 abriu espaço para a participação da energia eólica no ACL, na medida em que as usinas eólicas podem ficar prontas em um horizonte de dois anos e, portanto, podem comercializar no mercado livre em torno de três anos, criando sinergia para preços mais competitivos

[7] Relação entre a garantia física e a capacidade instalada.

no próprio leilão A-5. Isso se os sistemas de transmissão assim permitirem, o que ainda não está completamente assegurado. Adquirir experiência nesse novo mercado – ACL –, que até então só era explorado por grandes conglomerados energéticos que podiam oferecer maiores níveis de garantia física (Cemig, CPFL, Tractebel), é um desafio para os demais empreendedores do setor eólico.

O caráter intermitente da fonte eólica, menos previsível de poder oferecer energia firme, e a característica de curto prazo dos contratos no ACL tornavam mais difícil, senão impossível, o financiamento de empreendedores autônomos, mas a composição com o mercado ACR, nos leilões A-5 contorna estas dificuldades. Deve-se reenfatizar que, para este mercado, existe o incentivo, já mencionado, de ao menos 50% de desconto nas tarifas de transmissão e distribuição, o que é fundamental para sua viabilização.

Uma forma de contornar tal dificuldade seria expandir ou replicar o Mecanismo de Realocação de Energia (MRE), que tem como objetivo compartilhar os riscos hidrológicos dos agentes do sistema, em benefício da otimização dos recursos energéticos do próprio sistema. Por outro lado, como o despacho é centralizado, existem riscos que não são gerenciáveis pelos agentes, e o MRE representa um equacionamento de tal questão.

Como se destacou anteriormente, existe uma complementaridade hidroeólica que permitiria beneficiar não apenas os empreendedores de projetos de usinas eólicas, mas também os empreendimentos hidrelétricos. Na inviabilidade de expansão do MRE existente, seria necessária a criação de um mecanismo similar de compartilhamento de riscos climáticos desfavoráveis. Esse sistema permitiria que as usinas participantes assegurassem suas garantias físicas, independentemente das variações de produção. Assim, a energia excedente das plantas que produzissem mais seria usada para compensar a daquelas com produção abaixo do contratado. As transferências normalmente são feitas na condição de que a garantia física total do sistema não seja comprometida.

Outro segmento passível de ser explorado é a geração distribuída, que pode atender até 10% do mercado de cada distribuidora. Com os preços atingidos no último leilão, para as distribuidoras poderia se tornar atrativo organizar chamadas públicas, sobretudo porque há a flexibilidade para que empresas do mesmo conglomerado possam atender tal demanda. As dificuldades estão nos aspectos da conexão, mas precisam ser testados projetos-pilotos, a fim de analisar e contornar os desafios técnicos e formatar os arranjos comerciais.

Falta de uma política sustentável de incentivos às renováveis

Com o abandono da Fase 2 do Proinfa, cujas metas para as fontes renováveis eram anuais e de longo prazo, e com a não materialização do projeto de lei 630/2003, que criaria um arcabouço capaz de substituir essa segunda fase do Proinfa, o mercado das novas renováveis tem ficado à mercê de decisões de curto prazo quanto à realização de leilões específicos para fontes renováveis, o que tem efetivamente acontecido desde 2007, embora sem muita transparência e nenhuma previsibilidade. Não se sabe, hoje, o quanto será comprado em leilões específicos no próximo ano, se os leilões vão ser específicos para as renováveis ou se estas fontes terão que competir com as convencionais.

A energia eólica, por alguns fatores já ressaltados anteriormente (entre outros, a ociosidade do mercado internacional, as condições de financiamento e câmbio), tem conseguido competir mesmo com as fontes mais tradicionais e abocanhado fatias significativas do mercado. O mesmo não tem acontecido com as pequenas centrais hidrelétricas e, em menor escala, com a biomassa. Ou seja, não existe um compromisso formal do governo com as fontes renováveis, ainda que o PDEE sinalize que a expansão até 2020 será pautada pelas fontes alternativas e hidrelétricas. Mas este mesmo plano não previa, como dito anteriormente, novas aquisições baseadas em termelétricas e, já em 2011, foram adquiridos 1,1 GW. Assim, esta é uma peça apenas indicativa e que, neste primeiro momento, tem ficado distante da realidade, de forma muito favorável à energia eólica.

A ABEEólica tem advogado a necessidade de um planejamento plurianual, com regras claras e volumes de aquisição definidos para instalação no médio e longo prazo. Trabalha com uma meta de leilões específicos para a aquisição anual de 2 mil MW. Não há, todavia, nenhuma garantia de que tal pleito será realizado. Mas esta é, certamente, a estratégia mais adequada para o incentivo às renováveis, ainda que venha a se redefinir outro volume.

Atrelado a uma sistemática de aquisição preestabelecida, sejam os próprios leilões ou, no caso de outros países, tarifas-prêmio ou quotas, sempre há um regime de incentivos fiscais quando se quer estabelecer uma indústria nacional que vá além de simples linhas de montagem, envolvendo desenvolvimento tecnológico. Um regime tributário específico deve garantir a desoneração de tributos por um período bem definido e sem necessidade de renovações no curto prazo. Deve-se ressaltar, como já mencionado, que a maior parte dos tributos já tem sido objeto de desonerações ou diferimento, mas em uma base *ad-hoc*, em processos competitivos entre os estados.

Finalmente, compondo tal política, deve-se implementar um sistema de financiamento, o que vem sendo feito pelo BNDES desde o tempo do Proinfa, mas que corre risco de estrangulamento com o aumento da dimensão do programa. Assim, a garantia de manutenção da sistemática atual, com sua expansão e diversificação de agentes, poderia ser salutar para o desenvolvimento da energia eólica no país. Efetivamente, todas essas iniciativas se revestem de interesse ainda maior, na perspectiva de desenvolver-se uma indústria eólica nacional.

Uma política de longo prazo certamente contribuiria para investimentos mais significativos e desenvolvimento local pelos fabricantes que estão instalando linhas de montagem no país, garantindo a tendência de redução dos custos da energia final oferecida.

Instalação de plantas de montagem no Brasil e a inexistência de uma tecnologia nacional

O IPCC (2011), ao compilar histórias de sucesso, reconhece que os programas de incentivo às renováveis que se mostraram mais efetivos, no sentido de expansão do mercado, foram aqueles que vieram acoplados a programas de incentivos à pesquisa e desenvolvimento (P&D). O relatório faz uma lista dos mecanismos de política de P&D existentes, que incluem: financiamento da pesquisa acadêmica, doações, projetos demonstrativos, apoio a incubadoras, centros de pesquisa públicos nacionais ou internacionais, parcerias público-privadas, prêmios, benefícios fiscais às empresas investidoras em P&D, provisão de capitais de riscos e empréstimos facilitados.

A ABEEólica reconhece que o Brasil se tornou "a bola da vez no cenário mundial de energia eólica" (ABEEólica, 2011, p. 46), porque os mercados tradicionais estão desaquecidos, e os mercados emergentes que mais crescem (China e Índia) o fazem com base em suas indústrias locais, ficando, portanto, o Brasil como meta principal de fabricantes europeus e norte-americanos.

Todavia, o país deve buscar meios de também desenvolver ou maximizar a produção nacional, detendo o domínio tecnológico da geração eólica no país.

Ademais, investimentos nessa direção tendem a formar no país uma mão de obra especializada, capaz de não apenas trabalhar na instalação, operação e manutenção, o que em si já constitui um problema na atualidade, mas, sobretudo, na adaptação da tecnologia às condições prevalentes no Brasil, para domínio de toda a cadeia produtiva.

Necessidades de reforço nas infraestruturas de transmissão e logística

A implantação de fazendas eólicas produz uma grande pressão sobre a infraestrutura do sistema elétrico e o sistema de transportes de uma região. Geralmente as fazendas eólicas se situam em áreas distantes dos centros de carga, pois raramente o homem opta por se instalar em áreas com altas intensidades de vento. Assim, tanto o sistema elétrico como o sistema de transporte local não estão, em geral, preparados para acolher essas usinas. São necessárias novas linhas de transmissão e reforço das existentes, porque, por seu caráter de intermitência, as usinas eólicas devem ser conectadas a sistemas elétricos com elevado potencial de curto-circuito. De forma similar, o transporte de pás de 40 m é certamente um dos grandes desafios da montagem das plantas eólicas, e cada pá é transportada, na maioria das vezes, individualmente. Isto ocasiona pressão tanto nos portos como nas estradas.

Em geral, os Estados, no intuito de atrair investimentos eólicos, têm assumido os custos de reforço das infraestruturas de logística. E o sistema elétrico, por meio das Instalações de Interesse Exclusivo de Centrais de Geração para Conexão Compartilhada (ICG), encontrou uma forma de contornar a dificuldade de transferir-se para o investidor todo o ônus de interligar usinas remotas à rede básica. Por meio das ICGs, como mencionado anteriormente, é possível o acesso de mais de uma unidade de geração distribuída em um mesmo ponto de conexão da rede básica, com os custos de investimento compartilhados por vários empreendedores.

O relatório do IPCC (2011), compilando referências diversas, estabelece uma faixa entre 0,7 e 3,0 centavos de dólar por kWh (referência 2005) como custo básico de adequação do sistema de transmissão à variabilidade e incerteza do recurso eólico, para níveis de penetração até 20% da demanda elétrica total. Para maiores níveis de penetração, esses custos tenderiam a subir. O relatório também conclui que altos níveis de penetração já são observáveis em algumas regiões da Europa, mas sempre interligados a sistemas muito fortes, o que certamente não é o caso de algumas regiões do Nordeste que, em médio prazo, terão altos níveis de penetração da energia eólica. Esta é uma área que ainda exigirá muito esforço de pesquisa e modelagem.

Também, como arguido por Nogueira (2011), com base em uma série de entrevistas a atores-chave do segmento eólico, ainda existe grande assimetria na formação das ICGs. Existe a assimetria entre os que podem se conectar à rede de distribuição mas não têm possibilidade de compartilhamento de custos *vis-à-vis* àqueles que podem acessar o sistema de transmissão pelas ICGs. Mesmo entre os que têm acesso às ICGs, vão existir assimetrias referentes à potência injetada ou à distância da subestação coletora. Usinas mais distantes do ponto comum de conexão acabarão arcando com mais custos, podendo, no limite, inviabilizar projetos. Igualmente requer atenção o fato de, uma vez constituída uma ICG e um de seus participantes deixar de participar, os novos custos do condomínio podem inviabilizar os projetos remanescentes. Esses problemas sinalizam que ainda existe muito a fazer no processo de aprendizagem da montagem das ICGs.

Sem se planejar um sistema elétrico forte, otimizado, para a viabilização de um grande parque nessas regiões de alto potencial eólico, em cada leilão podem surgir novas ICGs ou ser requisitados reforços em ICGs recém-construídas. As soluções têm sido *ad-hoc*, voltadas para cada leilão, o que resulta em sobrepreços e atrasos nas implantações. Os atrasos na construção das ICG não têm sido casos pontuais e isso, certamente, causa impacto na viabilidade dos projetos, já que, em um sistema de remuneração pela energia garantida, os empreendedores que estiverem com seus parques concluídos ficarão impossibilitados de prover energia ao sistema.

Mitigação do impacto ambiental e licenciamento

Os impactos ambientais das fazendas eólicas são razoavelmente conhecidos e foram equacionados de forma exaustiva no relatório preparado para o Banco Mundial por Ledec *et al.* (2011). Entre os impactos listados estão:

- mortandade de pássaros e morcegos;
- deslocamento de vida selvagem;
- degradação e perda de *habitat* natural;
- impacto visual e efeito estroboscópico do movimento das pás sobre o sol na linha do horizonte;
- barulho;
- influência nas telecomunicações e na segurança de voo;
- uso da terra, com eventuais impactos na economia, renda, populações locais e sítios culturais.

De forma geral, a maior parte desses impactos é facilmente gerenciável, alguns deles com modificações nas sistemáticas de operação, por meio de procedimentos de redução dos tempos de operação, como desligamento das turbinas quando o sol encontra-se na linha do horizonte,[8] nos períodos de migração dos pássaros, ou em baixas velocidades, quando os morcegos são mais vulneráveis ao movimento das pás; em outras situações, o zoneamento ecológico é, por certo, uma solução, pois define áreas que são passíveis ou não de utilização; o remanejamento de algumas infraestruturas, no caso de pequenos aeroportos ou de infraestruturas de telecomunicações, e o uso de ferramentas de planejamento participativo, para equacionar disputas pelo uso da terra. Eventuais impactos das fazendas eólicas nos microclimas locais é ainda uma área de fronteira de pesquisas.

É importante ressaltar que o aproveitamento em larga escala do recurso eólico é muito recente, surgido quando o nível de consciência ecológica já se encontrava bastante elevado. Assim, já na sua infância, assiste-se a um esforço proativo objetivando mitigar os seus impactos. É, por certo, uma fonte que, ao ser comparada com as demais fontes produtoras de energia elétrica, tem uma pegada ambiental consideravelmente baixa.

No outro extremo da realidade está a necessidade premente de licenciar um grande número de projetos, concentrados em poucas regiões e em curtos espaços de tempo, de forma a preencher os requisitos dos leilões de setor elétrico em um segmento que surgiu para os organismos licenciadores há pouco mais de cinco anos, e que ainda é carente de capacitação.

Ademais, os problemas do processo de licenciamento ambiental – mesmo tendo sido reduzidos com a introdução do conceito do relatório ambiental simplificado, concebido exatamente quando do racionamento de 2001 – ainda são persisten-

[8] De modo alternativo, além daquelas impostas pela questão do barulho, podem-se definir distâncias maiores entre as plantas e as residências.

tes. O Relatório nº 40995-BR (Banco Mundial, 2008) analisou detalhadamente a questão do licenciamento das hidrelétricas no Brasil, formulando críticas, dentre outras, ao processo trifásico de licenciamento e à possibilidade de responsabilização penal ao agente licenciador, mesmo por atos praticados de boa-fé em circunstâncias complexas. E, também, à ausência de clareza acerca da definição de competências nas três instâncias de governo (federal, estadual e municipal) e à falta de mecanismos para a solução de conflitos. Esse Relatório conclui com uma série de sugestões, que incluem desde simples modificações nos processos administrativos à regulamentação de dispositivos constitucionais e alterações em leis existentes. A maior parte desses problemas, que historicamente já afeta as hidrelétricas, começa, ainda que em menor escala, a se fazer sentir no licenciamento das plantas eólicas, na medida em que cresce o volume de projetos no país.

Adicionalmente, existe um problema crônico no país, o da estrutura fundiária, que tem atravancado, em muitos casos, o processo de licenciamento, quer pela duplicidade de propriedade ou pela não legalização da posse sobre terras devolutas.

Apesar de ser passível de licenciamento ambiental simplificado, conforme regulamentado pela Resolução Conama nº 279, de 27 de junho de 2001 (Conama, 2001), exigindo, portanto, apenas o Relatório Ambiental Simplificado (RAS), os órgãos de licenciamento de alguns Estados têm imposto o processo convencional, que exige o Estudo de Impacto Ambiental (EIA) e o respectivo relatório (Rima). Em outros casos, como no Estado da Bahia, foi instituído um processo de licenciamento específico para a geração de energia elétrica a partir de fonte eólica (Cepram, 2011), procurando facilitar e agilizar o processo. Obviamente, a falta de uniformidade no processo de licenciamento tende a criar um custo adicional para os empreendedores e, por conseguinte, para a sociedade.

Previsão dos ventos

À medida que a energia eólica aumenta sua penetração nas matrizes elétricas e, paralelamente, aumenta o nível de comprometimento com a oferta, maior é a necessidade de se conhecer o recurso e poder prevê-lo. No caso brasileiro já se começa a sentir tal realidade, com a penalização por não cumprimento da garantia física apresentada durante o leilão e compensada até certo limite.

A necessidade de conhecer melhor o regime em diferentes regiões poderá tornar mais viável a criação de um mecanismo de realocação de energia, quer exclusivo para a fonte eólica ou integrado ao mecanismo existente.

Outra área que a previsão do recurso facilitará é a definição do valor de capacidade do recurso eólico, em termos de sua contribuição, para garantir a confiabilidade do sistema ou, em última instância, sua eventual participação no atendimento da ponta.

Deve-se lembrar que todo o planejamento do setor elétrico brasileiro se baseia nas séries históricas do recurso hidrelétrico. O conhecimento das séries do recurso eólico torna-se, pois, fundamental para avaliar a complementaridade desses dois recursos, com diferentes níveis e graus de intermitência. Esse conhecimento permitirá otimizar a utilização dos dois recursos, com a capacidade de armazenamento dos reservatórios brasileiros, e avaliar qual nível de complementação de outras fontes ainda será necessário, ajudando assim a responder uma questão fundamental para o setor elétrico brasileiro: poderá a matriz elétrica brasileira ser 100% hidroeólica, ou quase isso?

Estudos de longo prazo, como alguns dos mencionados anteriormente, devem aprofundar o eventual impacto que a mudança climática poderá ter no regime de ventos do país.

Conclusões

O mercado mundial de energia eólica tem se expandido nos últimos quinze anos, chegando a uma taxa próxima de 30% ao ano. A capacidade instalada globalmente já supera 200 GW, o que significa mais de uma vez e meia toda a capacidade instalada do setor elétrico brasileiro. Estados Unidos e China, juntos, somam 43% da capacidade instalada, enquanto a China foi responsável em 2010 por 50% do crescimento dessa capacidade. A alternativa eólica já é uma realidade importante tanto para países desenvolvidos como para países emergentes.

Ainda que, globalmente, em algumas regiões da Europa represente apenas em torno de 2% da energia elétrica produzida, a energia eólica já é responsável por mais de 10% da produção nacional dessa energia, a exemplo da Dinamarca, com 22%, em 2010; de Portugal, com 17%; e da Espanha, com 16%. Em alguns períodos do ano, a produção já supera 100% das necessidades do oeste da Dinamarca, o que é possível devido à interconexão a sistemas elétricos muito fortes da Escandinávia e do restante da Europa. Alguns cenários traçados indicam a possibilidade de representar a energia eólica cerca de 20% da energia elétrica no globo em 2050. Outros, mais arrojados, estimam que tal patamar poderia ser atingido já em 2030. Técnica e economicamente, uma penetração na faixa de 20% é perfeitamente absorvível nas matrizes elétricas, apenas sendo necessário conhecer melhor os custos de reforço para maiores níveis de penetração, em uma base mais regular.

No Brasil, apesar do atraso com que a tecnologia começou a crescer, a capacidade instalada saltou de pouco menos de 30 MW, em 2005, para mais de 1 mil MW em meados de 2011, com contratos já assinados que permitem prever ir acima de 7 mil MW em 2014. Nesse horizonte, quase 5% da energia elétrica brasileira já será de origem eólica, devendo chegar a mais de 20% no Nordeste. Há grande probabilidade de que, já em 2020, a energia eólica passe a constituir-se a segunda maior fonte de energia elétrica brasileira, atrás apenas da hidrelétrica.

Paralelamente ao desenvolvimento do mercado, observam-se grandes avanços tecnológicos, que vão permitir a queda do custo da energia, sem grandes volatilidades. A potência individual das máquinas comerciais saltou de 75 kW, em meados da década de 1980, para uma máquina padrão atual na faixa 3 MW, o que representa um crescimento de quarenta vezes. Isto foi alcançado graças a distintas contribuições tecnológicas, particularmente o tamanho do diâmetro do rotor, que saltou de 15 m para uma faixa de 120 m. No momento estão desenvolvendo-se turbinas de 10 MW que, no curto prazo, estarão disponíveis no mercado. Em um prazo maior, a perspectiva é atingir até 250 m, com potência resultante de 20 MW.

Os benefícios da produção de energia elétrica a partir dos ventos são diversos, podendo-se incluir:

- melhor uso dos recursos locais;
- diversificação e descentralização da matriz elétrica;
- redução da vulnerabilidade ao petróleo e da volatilidade de seus preços;
- redução da emissão de poluentes com impactos no meio ambiente local e regional e de gases de efeito estufa;
- pressão insignificante sobre o recurso hídrico;
- desenvolvimento social e econômico com a ampliação da indústria nacional, oportunidades de emprego, redução da pobreza e pressão por migração urbana;
- diversificação de agentes setoriais; e
- rapidez de implantação em larga escala.

Alguns fatores, mais peculiares do Brasil, fazem aumentar o interesse na utilização da energia eólica. São eles: o grande potencial, hoje estimado em mais de 300 GW, superior, portanto, ao potencial hidrelétrico; a complementaridade energética com a hidroeólica, particularmente na região Nordeste; e o alto fator de capacidade média. Esse conjunto contribui para a modicidade dos preços da energia elétrica. Somada a esses, há a possibilidade de regularização fundiária, com consequente aumento da renda local, em função do arrendamento das terras.

Considerando o que já foi negociado no Brasil até o final de 2011, ao final da vida útil destes projetos a energia eólica terá movimentado, apenas com a produção de energia elétrica, algo em torno de R$ 88 bilhões. A expansão do parque industrial nacional – com a implantação de mais de dez empresas fabricantes de turbinas, pás e torres – dinamiza a economia nacional e, hoje, emprega mais de doze mil pessoas, direta ou indiretamente atuantes no segmento, contabilizando desde o setor de serviços, indústria, logística até a operação dos parques.

Apesar da recente explosão do mercado eólico nacional, ainda persistem vários desafios à sua consolidação e crescimento sustentável, para garantir a expansão de um parque industrial ainda nascente. A própria sistemática de leilões, que tem se mostrado bem-sucedida em expandir a capacidade instalada e atrair linhas de montagem para o país, é algo de novo na experiência internacional, uma vez que, até então, afirmava-se que os leilões não resultavam em desenvolvimento tecnológico, algo ainda a ser provado. Efetivamente o modelo de leilões não garante para o ano seguinte uma expansão significativa do mercado, sobretudo no caso do Brasil, com a potencial expansão do mercado do gás natural, em razão do pré-sal.

Ademais, existem dificuldades de logística, de expansão da malha de transmissão, de minimização do impacto ambiental para facilitar o processo de licenciamento, de disponibilização de mão de obra capacitada e, até, de conhecer melhor o recurso e poder quantificar a contribuição do vento na operação confiável do sistema elétrico e as necessidades de reforço de uma rede ainda carente.

Contornando-se os desafios levantados e forjando-se uma política de longo prazo para as energias renováveis, é perfeitamente possível assumir, em um cenário conservador, que 20% da energia elétrica brasileira venha a ser de origem eólica. Avanços tecnológicos, e um sistema de transmissão mais robusto, podem facilmente levar este patamar para 30%. Ações agressivas de eficientização poderão reduzir a demanda do setor elétrico entre 10% e 20% do atualmente requerido. Dessa forma será possível atingir uma matriz elétrica nacional sustentável, em que a hidroeletricidade continuaria, por um longo tempo, com uma contribuição significativa de diversas biomassas, que podem atingir até 10% das necessidades nacionais de energia elétrica. Paralelamente ter-se-ia uma complementação térmica não baseada em carvão e óleo, mas em gás natural. No longo prazo, com redução dos custos, a energia solar poderia fechar o balanço com o esgotamento do potencial hidrelétrico. Pode-se, assim, imaginar uma matriz elétrica eminentemente renovável, de modo que, no horizonte de 20 a 25 anos, o binômio água-vento poderia suprir algo em torno de 90% das necessidades do país.

Bibliografia

ABEEÓLICA. *Com a força dos ventos a gente vai mais longe*. São Paulo: Associação Brasileira de Energia Eólica, 2011.

ALMEIDA, G. J. de. *Renewable Energy. Overcoming Intermittency*. Tese de doutorado. Londres: Department of Environmental Science and Technology, Imperial College, Universidade de Londres, 2005.

AMARANTE, O. A. C., SILVA, F. J. L. & ANDRADE, P. E. P. *Atlas eólico: Minas Gerais*. Belo Horizonte: CEMIG, 2010. Disponível em: http://www.cemig.com.br/atlas_eolico_2010/index.htm. Acessado em: set. de 2011.

AMARANTE, O. A. C. *et al. Atlas eólico: Espírito Santo*. Vitória: Agência de Serviços Públicos de Energia do Estado do Espírito Santo, 2010. Disponível em: http://www.aspe.es.gov.br/atlaseolico/. Acessado em: set. de 2011.

ANEEL. *Atlas de energia elétrica do Brasil*. Brasília: Agência Nacional de Energia Elétrica, 2002.

_____. *Resolução Normativa nº 077, de 18 de agosto de 2004*. Brasília: Agência Nacional de Energia Elétrica, 2004. Disponível em: http://www.aneel.gov.br/cedoc/ren2004077.pdf. Acessado em: 15 ago. 2011.

_____. *Resolução nº 167, de 10 de outubro de 2005*. Brasília: Agência Nacional de Energia Elétrica, 2005. Disponível em: http://www.aneel.gov.br/cedoc/ren2005167.pdf. Acessado em: 15 ago. 2011.

_____. *Resolução Normativa nº 247, de 21 de dezembro de 2006*. Brasília: Agência Nacional de Energia Elétrica, 2006. Disponível em: http://www.aneel.gov.br/cedoc/ bren2006247.pdf. Acessado em: 14 ago. 2011.

_____. *Resolução Normativa nº 271, de 3 de julho de 2007*. Brasília: Agência Nacional de Energia Elétrica, 2007a. Disponível em: http://www.aneel.gov.br/cedoc/ren2007271.pdf. Acessado em: 18 ago. 2011.

_____. *Resolução Normativa nº 286, de 6 de novembro de 2007*. Brasília: Agência Nacional de Energia Elétrica, 2007b. Disponível em: http://www.aneel.gov.br/cedoc/ren2007286.pdf. Acessado em: 20 ago. 2011.

_____. *Resolução Normativa nº 320, de 10 de junho de 2008*. Brasília: Agência Nacional de Energia Elétrica, 2008. Disponível em: http://www.aneel.gov.br/cedoc/ren2008320.pdf. Acessado em: 13 ago. 2011.

BAHIA. *Bahia oportunidades*. Salvador: Secretaria da Indústria, Comércio e Mineração, set.-out. 2011.

BANCO MUNDIAL. *Licenciamento ambiental de empreendimentos hidrelétricos no Brasil: uma contribuição para o debate*. Relatório nº 40995-BR. Brasília: Escritório do Banco Mundial no Brasil, 2008.

BARROSO, L. A. "The Green Effect". Em *IEEE Power & Energy Magazine*, vol. 8, nº 5, Nova York, set.-out. 2010.

BAYAR, T. "World Wind Market: Record Installations, But Growth Rates Still Falling". Em *Renewable Energy World*, 4 ago. de 2011. Disponível em: http://www.renewableenergyworld.com/rea/news/article/2011/08/world-wind-market-record-installations-but-growth-rates-still-falling?cmpid=rss. Acessado em: 3 set. 2011.

BRASIL. *Lei nº 10.438, de 26 de abril de 2002*. Brasília: Casa Civil da Presidência da República, 2002. Disponível em: http://www.planalto.gov.br/ccivil_03/Leis/2002/L10438.htm. Acessado em: 11 ago. 2011.

BRASIL. *Lei nº 10.762, de 11 de novembro de 2003*. Brasília: Casa Civil da Presidência da República, 2003. Disponível em: http://www.planalto.gov.br/ccivil_03/Leis/2003/L10.762.htm. Acessado em: 12 ago 2011.

_____. *Decreto nº 5.025, de 30 de março de 2004*. Brasília: Casa Civil da Presidência da República, 2004a. Disponível em: http://www.planalto.gov.br/ccivil_03/_Ato2004-2006/2004/Decreto/D5025.htm. Acessado em: 3 set. 2011.

_____. *Decreto nº 5.163, de 30 de julho de 2004*. Brasília: Casa Civil da Presidência da República, 2004b. Disponível em: http://www.planalto.gov.br/ccivil_03/_Ato2004-2006/2004/Decreto/D5163.htm. Acessado em: 13 ago. 2011.

_____. *Decreto nº 5177, de 12 de agosto de 2004*. Brasília: Casa Civil da Presidência da República, 2004c. Disponível em: http://www.planalto.gov.br/ccivil_03/_Ato2004-2006/2004/Decreto/D5177.htm. Acessado em: 30 ago. 2011.

_____. *Lei nº 10.848, de 15 de março de 2004*. Brasília: Casa Civil da Presidência da República, 2004d. Disponível em: http://www.planalto.gov.br/ccivil_03/_Ato2004-2006/2004/Lei/L10.848.htm. Acessado em: 12 ago. 2011.

_____. *Decreto nº 5.882, 31 de agosto de 2006*. Brasília: Casa Civil da Presidência da República, 2006. Disponível em: http://www.planalto.gov.br/ccivil_03/_Ato2007-2006/2006/Decreto/D5882.htm. Acessado em: 30 ago. 2011.

_____. *Decreto nº 6.048, de 27 de fevereiro de 2007*. Brasília: Casa Civil da Presidência da República, 2007a. Disponível em: http://www.planalto.gov.br/ccivil_03/_Ato2007-2010/2007/Decreto/D6048.htm. Acessado em: 13 ago. 2011.

_____. *Decreto nº 6.144, de 3 de julho de 2007*. Brasília: Casa Civil da Presidência da República, 2007b. Disponível em: https://www.planalto.gov.br/ccivil_03/vil_03/_ato2007-2010/2007/decreto/d6144.htm. Acessado em: 20 ago. 2011.

_____. *Lei nº 11.488, de 15 de junho de 2007*. Brasília: Casa Civil da Presidência da República, 2007c. Disponível em: http://www.planalto.gov.br/ccivil_03/_Ato2007-010/2007/Lei/L11488.htm. Acessado em: 15 ago. 2011.

_____. *Plano Nacional de Energia 2030*. Brasília: Ministério de Minas e Energia (MME) 2007d.

_____. *Decreto nº 6.353, 16 de janeiro de 2008*. Brasília: Casa Civil da Presidência da República, 2008a. Disponível em: http://www.planalto.gov.br/ccivil_03/_Ato2007-2010/2008/Decreto/D6353.htm. Acessado em: 20 ago. 2011.

BRASIL. *Decreto nº 6.460, 19 de maio de 2008*. Brasília: Casa Civil da Presidência da República, 2008b. Disponível em: http://www.planalto.gov.br/ccivil_03/_Ato2007-2010/2008/Decreto/D6460.htm. Acessado em: 20 ago. 2011.

_____. *Lei nº 11.727, de 23 de junho de 2008*. Brasília: Casa Civil da Presidência da República, 2008c. Disponível em: http://www.planalto.gov.br/ccivil_03/_Ato2007-010/2008/Lei/L11727.htm. Acessado em: 15 ago. 2011.

_____. *Modelo institucional do setor elétrico*. Brasília: Ministério de Minas e Energia (MME), 2003.

_____. *Plano decenal de expansão de energia 2019*. Brasília: Ministério de Minas e Energia (MME)/Empresa de Pesquisa Energética (EPE), 2010.

_____. *Plano decenal de expansão de energia 2020*. Brasília: Ministério de Minas e Energia MME)/Empresa de Pesquisa Energética (EPE), 2011.

BWEA. *Blowing Away the Myths*. Londres: British Wind Energy Association, 2005.

CAMARGO, O. A. *et al*. *Atlas eólico: Rio Grande do Sul*. Porto Alegre: Secretaria de Energia Minas e Comunicações do Rio Grande do Sul, 2002. Disponível em: http://www.semc.rs.gov.br/index.php?menu=atlaseolico. Acessado em: set. 2011.

CASTRO, C. "A indústria dos ventos". Em *Renergy Brasil*, ano 1, nº 6, Fortaleza, 2011.

CEARÁ. *Estado do Ceará. Atlas do potencial eólico*. Fortaleza: Seinfra, 2001. Disponível em: http://www.seinfra.ce.gov.br/index.php/downloads/category/6-energia?download=16%3Ap. Acessado em: set. 2011.

CENTRO BRASILEIRO DE ENERGIA EÓLICA (CBEE)/UFPE. 1999. *Atlas eólico do Brasil* – dados preliminares de 1998.

CEPRAM. *Resolução nº 4.180 de 29 de abril de 2011*. Salvador: Conselho Estadual do Meio Ambiente (Cepram), 2011. Disponível em: http://www.seia.ba.gov.br/sites/default/files/legislation/RESOLUÇÃO%20Nº%204.180%20DE%2029%20DE%20ABRIL%20DE%202011.pdf. Acessado em: set. 2011.

COELBA. *Atlas do potencial eólico da Bahia*. Salvador: Salvador: Companhia de Eletricidade do Estado da Bahia, 2006. Disponível em: http://www.coelba.com.br/ARQUIVOS_EXTERNOS/O%20SETOR%20ELETRICO/ENERGIA%20ALTERNATIVA/ATLAS%20EOLICO/AtlasBA_Rev_1.pdf. Acessado em: set. 2011.

CONAMA. *Resolução Conama nº 279, de 27 de junho de 2001*. Brasília: Ministério do Meio Ambiente, 2001. Disponível em: http://www.mma.gov.br/port/conama/res/res01/res27901.html. Acessado em: set. 2011.

COSERN. *Potencial eólico do estado do Rio Grande do Norte*. Natal: Companhia Energética do Rio Grande do Norte, 2003. Disponível em: http://www.cosern.com.br/ARQUIVOS_EXTERNOS/PDF/mapa_eolico.pdf. Acessado em: set. 2011.

CRESESB. *Atlas do potencial eólico brasileiro*. Rio de Janeiro: Centro de Referência para Energia Solar e Eólica Sergio de Salvo Brito 2001. Disponível em: http://www.cresesb.cepel.br/atlas_eolico/index.php. Acessado em: 15 set. 2011.

DALBEM, M. *Mercado eólico no Brasil – visão geral*. Brazil Windpower 2011 Conference and Exhibition. Rio de Janeiro, 29 a 31 de agosto de 2011.

D'OLIVEIRA, L. A. S. *O BNDES e a energia eólica*. Comunicação apresentada na Brazil Windpower 2011 Conference and Exhibition. Rio de Janeiro, 29 a 31 de agosto de 2011.

DUTRA, R. M. *Propostas de políticas específicas para energia eólica no Brasil após a primeira fase do Proinfa*. Tese de doutorado em ciências. Rio de Janeiro, Programa de Planejamento Energético, COPPE-UFRJ, 2006.

DUTRA, R. (org.). *Energia eólica. Princípios e tecnologias*. Rio de Janeiro: Cepel/Cresesb, s/d. Disponível em: http://pt.scribd.com/doc/62734267/Energia-Eolica-Principios-e-Tecnologia. Acesso em: set. 2011.

DVORAK, P. "Britannia breaks the 9 MW barrier". Em *Windpower Engineering & Development*, 14 maio 2010. Disponível em: http://www.windpowerengineering.com/index.php?s=Britannia+breaks+the+9+MW+barrier. Acessado em: set. 2011.

ELETROBRAS. *Estado de Alagoas. Atlas eólico*. Brasília: Eletrobras, 2008. Disponível em: http://www.desenvolvimentoeconomico.al.gov.br/minas-e-energia/mapa-eolico/. Acessado em: set. 2011.

EECS. *Atlas do potencial eólico do estado do Paraná*. Curitiba: Engenharia Eólica Camargo Schubert/Instituto de Tecnologia para o Desenvolvimento LACTEC, 2007. Disponível em: http://www.copel.com/download/mapa_eolico/Atlas_do_Potencial_Eolico_do_Estado_do_Parana.pdf. Acessado em: set. 2011.

EPE. *Informe à imprensa. Leilão de energia de reserva-eólica*. Rio de Janeiro: Empresa de Pesquisa Energética, 2009.

_____. *A energia eólica como alternativa para geração elétrica*. Apresentação na Brazil Windpower 2011 Conference and Exhibition. Rio de Janeiro, 29 a 31 de agosto de 2011a. Disponível em: https://arquivos.epe.gov.br/PR/Carlos/JP80s6xvcDoyVug17FrLeNsvYB4CIqjkkW3P6f8i/2011-08-31_-_Wind_Power_2011_-_Mauricio_Tolmasquim.pdf. Acessado em: set. 2011.

_____. *Informe à imprensa. Leilão de energia A-3/2011*. Rio de Janeiro: Empresa de Pesquisa Energética, 2011b.

EWEA. *Wind Energy, the Facts*. Bruxelas: European Wind Energy Association, 2009.

FREITAS, N. M. de. *Impactos socioeconômicos da implantação de parques eólicos no semiárido brasileiro*. Apresentação na Brazil Windpower 2011 Conference and Exhibition. Rio de Janeiro, 29 a 31 de agosto de 2011.

GIPE, P. *Wind Power Renewable Energy for Home, Farm, and Business*. White River Junction: Chelsea Green, 2004.

GREENPEACE & GWEC. *Global Wind Energy Outlook 2010*. Amsterdã/Bruxelas: Greenpeace/Global Wind Energy Council, 2010.

GRUBB, M. J. & MEYER, N. I. "Wind Energy: Resources, Systems and Regional Strategies". JOHANSSON, T.B. *et al.* (orgs.). *Renewable Energy: Sources for Fuels and Electricity*. Washington: Island, 1993.

GWEC. *Global Wind Report. Annual Market Update 2010*. Bruxelas: Global Wind Energy Council, 2011.

_____, ABEEÓLICA & REEEP. *Analysis of the Regulatory Framework for Wind Power Generation in Brazil*. Bruxelas: Global Wind Energy Council, s/d.

HOLTTINEN, H. *et al.* "Currents of Change". Em *IEEE Power & Energy Magazine*, vol. 9, nº 6, Nova York, nov.-dez. 2011.

IEA. *2010 Key World Energy Statistics*. Paris: International Energy Agency, 2010.

_____. *2009 Key World Energy Statistics*. Paris: International Energy Agency, 2009a.

_____. *World Energy Outlook 2009*. Paris: International Energy Agency, 2009b.

_____ & OECD. *Projected Costs of Generating Electricity, 2010 Edition*. Paris: International Energy Agency/Organisation for Economic Cooperation and Development, 2010.

INPE. *Sistema de Organização Nacional de Dados Ambientais (Sonda)*. São José dos Campos: Instituto Nacional de Pesquisas Espaciais. Disponível em: http://sonda.ccst.inpe.br/. Acessado em 15 set. 2011.

IPCC. *Relatório especial sobre energias renováveis*. Genebra: Intergovernmental Panel on Climate Change/World Meteorological Organization, 2011.

KREWITT, W. *et al.* "Role and Potential of Renewable Energy and Energy Efficiency for Global Energy Supply". Em *Climate Change 18, 2009*. Dessau-Roßlau: Federal Environment Agency, 2009.

LEDEC, G. C; RAPP, K. W. & AIELLO, R. G. *Greening the Wind: Environmental and Social Considerations for Wind Power Development in Latin America and Beyond*. Washington: The World Bank, 2011.

LUCENA, P. de *et al.* "The vulnerability of wind power to climate change in Brazil". *Renewable Energy*, vol. 35, nº 5, Brighton, 2009.

MCT. *Fatores de emissão de CO_2 pela geração de energia elétrica no sistema interligado nacional do Brasil. Ano base 2010*. Brasilia: Ministério da Ciência e Tecnologia, 2011. Disponível em: http://www.mct.gov.br/index.php/content/view/327118.html#ancora. Acessado em: set. 2011.

MME, ELETROBRAS & CEPEL. *Atlas do potencial eólico brasileiro*. Brasília: Ministério de Minas e Energia/Eletrobras/Centro de Pesquisas de Energia Elétrica, 2011.

NOGUEIRA, L.P.P. *Estado atual e perspectivas futuras para a indústria eólica no Brasil*. Dissertação de mestrado. Rio de Janeiro: UFRJ/COPPE/Programa de Planejamento Energético, 2011.

NREL. *Wind Resource Information*. National Renewable Energy Laboratory. Disponível em: http://www.nrel.gov/rredc/wind_resource.html. Acessado em: set. 2011.

ONS. *Acompanhamento mensal da geração de energia das usinas eolielétricas com programação e despacho centralizados pelo ONS*. Rio de Janeiro: Operador Nacional do sistema Elétrico, ago. 2011.

PEREIRA, E. B. & LIMA, J. H. G. (orgs.). *Solar and wind energy resource assessment in Brazil*. São José dos Campos: MCT/INPE, 2008.

PEREIRA, O. S., REIS, T. M. & FIGUEIREDO, M. G. (2010). *Sistema brasileiro de cap-and-trade no setor elétrico*. Rio de Janeiro: Fundação Brasileira de Desenvolvimento Sustentável (FBDS), 2010. Disponível em: http://fbds.org.br/fbds/IMG/pdf/doc-424.pdf. Acessado em: 15 set. 2011.

PES, M. P. *Estudo do impacto das mudanças climáticas no potencial eólico do estado do Rio Grande do Sul. Para os períodos de 2010 a 2040 e 2070 a 2100*. Dissertação de Mestrado. São José dos Campos: Curso de Pós-Graduação em Meteorologia do Instituto Nacional de Pesquisas Espaciais, 2010.

PINTO, L. *Estudo do impacto da implantação de usinas eólicas na oferta de energia do sistema interligado nacional. Análise quantitativa*. Nilópolis: Engenho Pesquisa, Desenvolvimento e Consultoria, 2008.

PORTO, L. *Energia Eólica – parte da solução no Brasil*. Apresentação feita por Lauro Fiúza, presidente da ABEEólica, no Rio de Janeiro, em 13 de agosto de 2009. São Paulo: ABEEólica, 2009.

REN21. *Renewables 2011 Global Status Report*. Paris: REN21 Secretariat, 2011.

RERL Wind Power: Capacity Factor, Intermittency, and what Happens when the Wind Doesn't Blow? Amherst: Renewable Energy Research

Laboratory, University of Massachusetts at Amherst., s/d. Disponível em http://www.umass.edu/windenergy/publications/published/community WindFactSheets/RERL_Fact_Sheet_2a_Capacity_Factor.pdf. Acessado em: set. 2011.

RIO DE JANEIRO. *Estado do Rio de Janeiro. Atlas eólico*. Rio de Janeiro: Secretaria de Estado de Energia, da Indústria Naval e do Petróleo/ Cresesb, s/d. Disponível em: http://www.cresesb.cepel.br/publicacoes/ download/AtlasEolicoRJ.pdf. Acessado em: set. 2011.

SCHULTZ, D. J *et al*. "Sistemas complementares de energia eólica e hidráulica no Brasil". Em *Espaço Energia*, nº 3, s/l, out. 2005.

SOUZA, H. M. de, DUTRA, R. & MELO, S. "Principais parques eólicos implementados e projeções: *workshop* em energia eólica". Em *Anais do Centro de Tecnologias do Gás & Energias Renováveis*. Natal: CTGAS-ER, 30-10-2008. Disponível em: http://www.cresesb.cepel.br/ apresentacoes/20081030_natal_br08.pdf. Acessado em: set. 2011.

THE WINDPOWER. *Turbines list*. 2011. Disponível em: www.thewindpower.net. Acessado em: set. 2011.

Sobre os autores

Adilson de Oliveira, professor titular do Instituto de Economia da Universidade Federal do Rio de Janeiro, é engenheiro químico formado pela Escola Politécnica da Universidade de São Paulo, com doutorado em Desenvolvimento Econômico pela Université des Sciences Sociales de Grenoble, França. Entre 1999 e 2001 foi coordenador de uma rede internacional de centros de pesquisa que estudou a reforma do setor elétrico em diversos países. Ao longo de sua carreira acadêmica, publicou livros e artigos em periódicos nacionais e internacionais. Como consultor, teve a oportunidade de trabalhar para diversas organizações internacionais, empresas de energia, a Aneel e o Ministério de Minas e Energia. *E-mail:* adilson@ie.ufrj.br.

José Eli da Veiga, professor dos programas de pós-graduação do Instituto de Relações Internacionais da Universidade de São Paulo (IRI/USP) e do Instituto de Pesquisas Ecológicas (IPÊ), é autor de vinte livros e colaborador permanente da coluna de opinião do jornal *Valor Econômico* e da página de análise da revista *Página22*. *E-mail:* www.zeeli.pro.br.

Osvaldo Livio Soliano Pereira, diretor do Centro Brasileiro de Energia e Mudanças Climáticas (CBEM) e professor da Faculdade Área 1, Salvador, é engenheiro eletricista com mais de trinta anos de experiência no setor, Ph.D. em Política Energética pela Universidade de Londres e especialista em Energia Elétrica e Energia Solar pela École Superiéure d'Electricité, França. Foi durante 14 anos professor e pesquisador da Universidade Salvador (Unifacs), em Salvador, Bahia, tendo coordenado o Mestrado em Regulação da Indústria de Energia e o Grupo de Pesquisa em Meio Ambiente, Universalização, Desenvolvimento Sustentável e Energias Renováveis (G-Mude). É membro sênior do IEEE. Prestou serviços de consultoria para instituições como Banco Mundial, Programa das Nações Unidas para o Desenvolvimento (Pnud), Ministério de Minas e Energia, dentre outras, nas áreas de eletrificação rural, energia renovável, regulação da indústria de energia, mudança climática e mercados de carbono. Foi Presidente da Sociedade Brasileira de Planejamento Energético (SBPE). No período agosto de 2009 a fevereiro de 2011 foi consultor residente do Conselho Nacional de Electricidade, em Moçambique. Coordenou o Comitê de Universalização do Fornecimento de Eletricidade (CT7), do Conselho Nacional de Política Energética (CNPE) e a Câmara Temática de Energias Renováveis do Fórum Brasileiro de Mudança Climática. Dirigiu o escritório brasileiro da Winrock International, depois de ter gerenciado seu programa de energia renovável. Foi o primeiro coordenador do Centro de Referência em Energia Solar e Eólica (Cresesb/ Cepel/Eletrobrás). Atuou ainda na Companhia de Eletricidade do Estado da Bahia (Coelba) e na Secretaria de Minas e

Energia do Estado da Bahia, como gerente e como técnico na área de planejamento de sistemas elétricos. *E-mail*: osoliano@cbem.com.br.